材料物理专业实践教学指导书

马元良　陈　聪　孟雷超　主编

电子科技大学出版社
University of Electronic Science and Technology of China Press
·成都·

图书在版编目（CIP）数据

材料物理专业实践教学指导书 / 马元良，陈聪，孟雷超主编. — 成都：电子科技大学出版社，2021.3
ISBN 978-7-5647-8837-7

Ⅰ.①材… Ⅱ.①马… ②陈… ③孟… Ⅲ.①材料科学–物理学–高等学校–教学参考资料 Ⅳ.①TB303

中国版本图书馆CIP数据核字（2021）第058591号

材料物理专业实践教学指导书
马元良　陈　聪　孟雷超　主编

策划编辑　　杜　倩　李述娜
责任编辑　　李述娜

出版发行　　电子科技大学出版社
　　　　　　成都市一环路东一段159号电子信息产业大厦九楼　　邮编　610051
主　　页　　www.uestcp.com.cn
服务电话　　028-83203399
邮购电话　　028-83201495

印　　刷　　石家庄汇展印刷有限公司
成品尺寸　　170mm×240mm
印　　张　　14
字　　数　　300千字
版　　次　　2021年3月第1版
印　　次　　2021年3月第1次印刷
书　　号　　ISBN 978-7-5647-8837-7
定　　价　　88.00元

前　言

在"大众创业、万众创新"的时代背景下，创新型人才已成为推动社会进步、促进经济发展的重要引擎。在提高国民文化素质、加强高校教育工作的进程中，针对我国企业发展中存在的关键技术受制于人、创新型人才严重匮乏等问题，我国领导人曾多次强调必须推动高等教育改革，培养出世界一流的科技领军人才、卓越工程师和高水平创新团队。

为了体现高校培养人才的重要职能、为社会输送更多创业创新型人才，高校教学中的理论教学与实践教学密切相关，缺一不可。理论教学侧重学科的理论知识结构的系统讲授和学习，是培养学生应用能力和创新能力的基础；实践教学引导学生主动参与，亲身体验，拓展和深化学生对理论知识的理解，使理论与实际有机结合，能够促进理论知识向应用能力的转化。实践教学不仅是对课堂理论教学的有效补充，也是能够拓展理论教学的空间，深化学生对理论知识的认识，巩固所学的专业知识和技能，是理论知识向实际应用能力转化的不可或缺的教学环节。因此，高校在培养人才时不仅要注重理论知识的传授，还要加强实践能力特别是创新创业能力的培养。相应的，适时地进行教育变革，培养创新型科技人才，是经济发展新常态下的一个重要课题。而实践教学是培养创新创业人才的重要环节。探索创新创业人才实践教学模式，构建创新创业人才实践教学体系，培养与时代发展和社会需求相适应的高素质创新人才已成为各大高校建设和发展的共识。

实践是人类在一定社会组织中，有目的地认识世界和改造世界的客观活动，是人类社会的存在方式。人们通过实践，获得直接的经验知识，这是认识的基础与发端。因为人类在历史的社会实践中已积累了大量的认识成果，而个体的直接经验总是有限的，所以需要通过教学去传承前人积累的间接经验。实践教学正是根据认识的本质与规律、实践的特点以及教学的目的与要求而开展的实践活动。因此，实践教学是学校教学工作的重要组成部分，是深化课堂教学的重要环节，是学生获取、掌握知识的重要途径。

在高等教育过程中，每经过一段时间的理论学习，都有一定的实践教学环节与之相对应，而且每个实践教学环节既具有相对独立特性，又紧密结合。各个相对独立的实践教学环节被联系到一起，就形成高等教育实践教学体系。因此，实践教学始终贯穿高等教育的全过程。它具有系统性、长期性、综合性、广泛性、多样性、灵活性、社会性等特点。2018年，教育部颁布的《普通高等学校本科专业类教学质量国家标准》对本科专业实践教学提出具体要求，具有满足教学需要的完备实践教学体系，主要包括独立设置的课程实验、课程设计、实习、毕业设计（论文）等多种形式，积极开展科技创新、社会实践等多种形式的实践活动，组织学生到各类工程单位实习或工作，取得工程经验，了解行业状况。

材料物理是材料类的工科专业之一，是一门从物理学原理出发，提供材料结构、特性与性能的新兴交叉学科，主要面向新能源与新信息等新功能材料探索。该专业旨在帮助学生掌握材料物理及其相关的基础知识、基本原理和实验技能；让学生具备运用物理学和材料物理的基础理论、基本知识和实验技能进行材料探索和技术开发的基本能力；让学生能在材料科学与工程及其相关交叉学科（材料、物理、化学、生物、医学等）继续深造或在相应领域从事材料物理研究、教学、应用开发等，进而发展成为创新型人才。由于当今以服务于高科技，现代工业和国防为主的现代材料或新材料的需求量越来越大，新材料的研制与开发速度也越来越快，因而涌出的新概念、新理论、新技术、新方法、新工艺、新产品和新问题越来越需要材料学家和物理学家等共同努力来归纳、整理、总结及创新。由此产生的材料物理专业无疑是多学科知识交叉、渗透的专业，它给现代材料的研究、开发和应用以及相关科学的发展带来了新的空间。

2013年，青海民族大学在申报材料物理新专业之初，根据学校"培养适应地方经济与社会发展需要、具有创新精神和实践能力的合格人才"的目标定位，围绕青海省建设清洁能源示范省的发展思路，结合材料物理专业特点，确定了该专业从太阳电池材料和储能电池材料研究与应用人才培养为方向。多年来，在专业建设中，该专业注重实验室建设和校外实践基地建设，先后建立材料科学基础实验室等6个专业实验室和5个校外实践教学基地，为实践教学创造有利条件；在课程建设中，该专业注重实验教材建设与创新型人才培养教学方法研究，落实材料物理研究、教学、应用开发等方面的创新型人才培养目标，让学生掌握太阳电池材料、储能电池材料及其应用技术。在实施课内实践教学的环节中，配套专业基础课、专业核心课和专业选修课程教学，设计材料制备技术到太阳能应用技术／储能技术相关的课内实践教学内容，为每学期3周的实践教学编写《材料物理专业实践教学指导书》。

《材料物理专业实践教学指导书》是在以紧跟时代发展为主题，以近年来材料科学在材料制备技术、太阳能应用技术和储能技术以及其他各学科中的迅速渗透和广泛应用为主线，突出材料科学基础实验内容的"与时俱进"思想指导下，本着积极改革实验内容，大力引进新技术、在总结编者的集体智慧和吸取其他兄弟院校的宝贵经验的基础上编写而成的。它不仅适用于材料物理专业，也适用于新能源材料与器件专业，是一本适用面较广的教材。

本书由三部分组成：第一部分为本书的前二章，属于材料科学实验的基础部分，内容包括实验室安全常识、材料制备的基本实验方法和基本技能以及常用的实验仪器的使用。第二部分为本书的第三章至第六章，按太阳电池材料、储能电池材料制备及其太阳能应用技术中的应用设计实验内容，注重培养学生的实验设计能力、应用能力。第三部分为创新研究与实践以及附录，通过实验设计的综合训练，试图在前几阶段内容的学习基础上，达到加强培养学生的灵活应用能力和综合分析能力的目的。

实践教学的主体是教师和学生，客体是教学内容和教学对象。本书在内容的选择和编写上力求做到以下几点：

第一，配套理论课程教学，在实验课程教学的基础上突出实践的功能。如在"材料科学基础（包括实验）"课程教学中，更多地考虑学生对材料基本特性的掌握，对材料制备的常用方法等基础知识与基本技能的学习；本书的第一部分则从应用的角度安排纳米材料、石墨烯材料等的制备研究，更注重培养学生的材料应用能力。

第二，在总体结构上，按材料制备、材料应用及综合应用的思路设计实验内容。每章内容可独立使用，满足每学期3周的课内实践教学，达到相应的教学目标，而整体又根据太阳能应用技术、储能技术及其在新能源领域综合应用能力培养的主线，以达到创新型应用人才培养的教学目标。

第三，实验内容的选择，尽可能地体现材料科学最新的技术和方法。结合编者近几年的科研，遴选新能源材料常用的制备技术、太阳能电池和储能电池最新的问题等，让学生更多地了解相关领域的前沿技术，掌握相应的解决方法，为进一步的创新研究奠定基础。

实践教学是一项集体协作的教学工作。本书的编写凝聚了青海民族大学物理与电子信息工程学院材料科学教研室全体教师和实验室工作人员多年的辛勤劳动，是集体智慧的结晶。本书由马元良、陈聪和孟雷超担任主编，材料科学教研室全体教师参加了编写工作。其中，马元良负责全书的统编和第三章、第六章的编写，陈聪负责第一章和附录的编写，马生花负责第二章的编写，安凌云负责第四章的编写，孟雷超负责第五章的编写，第七章是由马元良和陈聪共同完成的。

本书在编写过程中参阅了许多兄弟院校的教材，吸取了他们的宝贵经验，甚至引用了部分内容。亚洲硅业（青海）有限公司的董事长王体虎研究员、青海师范大学教务处马俊处长对本书的编写给予了极大的鼓励和支持。在此，谨向他们表示诚挚的敬意和衷心的感谢！

编写一本新型体系的教材，是一项艰苦而又复杂的工作，只有进行不断的改革和长期的研究，才能日臻完善。我们所做的工作只是一块引玉之砖，由于编者水平有限和时间紧迫，不妥和错误之处在所难免，恳请读者和同行专家们不吝赐教，以便再版时修改订正。

编　者

2020 年 12 月

目　　录

第一章　实验室规范和安全知识

第一节　实验室规范

实验是大学理工科教育中各类专业课程的重要组成部分，是提高教学质量、培养创新型人才的有效途径。而达成这一任务的实验室，是科学研究的基地，是科技发展的源泉，对科技发展、提高人才培养质量起着非常重要的作用。为了营造一个安全有效、秩序良好的实验环境，达到"科学、规范、安全、高效"的目的，加强实验室管理是学校专业建设和管理的重要工作之一。实验室管理是运用现代管理理论，研究实验室运行过程中各项活动的基本规律和方法。实施科学、有效地实验室管理是学校树立安全发展理念，弘扬生命至上、安全第一的思想，保障良好教学秩序的前提。教育部、公安部历来十分重视学校实验室安全管理。依据《中华人民共和国消防法》《中华人民共和国安全生产法》，1992 年 6 月 27 日，国家教育委员会令第 20 号公布《高等学校实验室工作规程》，2002 年 1 月 26 日，中华人民共和国国务院令第 344 号公布《危险化学品安全管理条例》，2011 年 2 月 16 日，国务院第 144 次常务会议修订通过《危险化学品安全管理条例》，2013 年 5 月 13 日，教育部办公厅发布《教育部办公厅关于进一步加强高等学校实验室危险化学品安全管理工作的通知》，落实和加强实验室安全管理。

物理与电子信息工程学院（以下简称物电学院）材料物理专业实验室有材料科学基础实验室等七个实验分室，承担材料物理本科、光电转换材料硕士点实验教学和科研任务，实验内容涉及物理、化学、材料科学，存在化学药品、危险气体、高压设备、电器等方面因使用不当发生事故的隐患，任何人在任何时候，都必须严格执行《青海民族大学实验室安全管理条例》，按物理与电子信息工程学院实验中心制定的管理办法，严格执行进实验室审批制度、实验室安全责任承诺制度；学习并掌握实验室安全知识，规范操作；服从实验室管理员和实验指导教师管理，确保实验教学和科研工作顺利进行。

一、青海民族大学实验室安全管理条例

为了加强实验室安全管理，确保实验工作人员的人身安全、国家财产不受损失，保证教学、科研工作的顺利进行，制定本管理条例。

第一条 坚持"谁主管，谁负责"的原则。各院系行政一把手是本部门实验室安全管理第一责任人，分管实验室的副院长（副主任）为直接责任人。各院系要切实将安全责任落实到每一个实验室，落实到人。实验室主任是所在实验室安全管理的第一责任人，同时每间实验室都要指定专人作为安全责任人，具体负责和做好所在实验室的安全工作。实验室安全负责人须协助实验室主任抓好本实验室的安全教育、安全检查及排除隐患等工作，并负责指导本实验室人员掌握消防安全器材和设施的维护和使用。

第二条 强化安全管理意识。进入实验室工作和学习的人员，未经实验室管理人员同意不得擅自动用实验室的设备、设施。实验室管理人员下班前或最后一个离开实验室的人员，离开时要认真检查门窗、水、电、气等有关设施的关闭情况，确认安全无误后，方可离开实验室。

第三条 强化制度管理。各实验室要根据本室情况建立健全仪器设备操作规程、防盗、防火及相关安全管理制度；所有在实验室工作、学习的人员，要牢固树立安全防范意识，坚持"安全第一，预防为主"的原则，遵守实验室安全管理规章制度，克服麻痹大意思想。

第四条 强化实验室安全监督。在实验室工作、开展实验的所有人员均对实验室安全工作和自身安全负有责任，须遵循各项安全管理制度。所有进入实验室工作的师生员工须经过实验室安全知识和安全环保教育培训；开展实验教学的教师和研究导师要切实加强对学生的教育和管理，落实安全措施；学生须严格遵守实验室的操作规程，配合实验室管理工作。

第五条 重视安全检查。校保卫处按照相关规定，对校属所有实验室安全进行检查，各院系及实验室要主动配合学校及保卫处的安全检查，对检查出的安全隐患要及时整改；学期初、学期末和节假日前各院系要对所属实验室进行一次全面安全检查。

第六条 配置安全设施。实验室必须配备符合本室条件的安全设施，消防器材要摆放在明显、易于取用的位置，并定期检查，确保有效。对临近过期的灭火器材，要主动与保卫处联系，及时更换。

第七条　设置安全标志。各院系实验室管理和工作人员要对重点安全部位做到心中有数，对存放危险品和安全用电的部位要设置明显的警示标记。对可能发生的危及安全的各种紧急状态，如火灾、爆炸、腐蚀性液体倾洒、有毒气体泄漏、辐射损害、电击损害、致病微生物污染、自来水爆管等，必须分类建立紧急处置预案。

第八条　特殊场所管理。对压力容器、电工、焊接、振动、传动、噪声、高温、高压、有毒有害、辐射、易燃、易爆、致病微生物及放射性物质等存在安全隐患的设备及其场所，要制定专门的操作规程和安全管理制度，落实相应的劳动保护措施。

第九条　危险品使用管理。对易燃、易爆、剧毒、致病微生物、麻醉品和放射性物质等危险品，购置时必须经实验室主任和院系负责人签字，由保卫处和实验室与设备管理中心审核备案。对危险品要按规定设专用库房，做到专室专柜储存，并指定专人、双人双锁妥善保管，要有可靠的安全防范措施。领用时必须经实验室主任和院系负责人签署意见，剩余部分要立即退回，并做好详细领用登记。

第十条　实验室"三废"处理。装备必要的"三废"处理器具，产生少量有害气体的实验必须在具备废气排放吸收装置的条件下进行；残渣、废液必须按规定装入指定的废液废渣桶内，按照国家环保要求，统一处理。严禁将腐蚀物、有毒有害物质倒进水槽及排水管道，或随意倾倒堆放。

第十一条　实验室物品安全管理。除实验课教师、工作人员和上实验课的学生外，未经许可任何人不得擅自进入实验室。未经许可不得将实验室物品和相关资料携带外出。未经批准，实验室的物品和设备不得外借。

第十二条　做好防火工作。实验楼内禁止吸烟，实验室内不得用明火取暖，严禁违章搭电或超载用电。

第十三条　防止堵塞安全通道。严禁在实验楼门厅，走廊和实验室内严禁放置任何物品，消防安全通道必须保持畅通。

第十四条　及时处置安全事故。对因违章操作、忽视安全而造成火灾、污染、中毒、人身重大伤害、精密贵重仪器和大型设备损坏等重大事故，实验室工作人员要保护好现场，并立即向院系、保卫处和实验室与设备管理中心报告，配合相关部门调查取证。对隐瞒不报或缩小事故真相者，应按有关规定予以从严处理。

第十五条　本条例自颁布之日起实施，由实验室与设备管理中心负责解释。

二、青海民族大学实验室开放管理制度

为了提高教学质量、开拓学生思维和培养创新人才，充分发挥教育资源的效益及实验室的使用率，物电学院所属的专业实验室实行开放式管理。

实验室的开放内容要因材施教，讲求实效的原则。实验项目、实验内容可以是设计性、综合性和研究性实验，也可以是课外科技活动的内容，但应注重以学生为主体、教师为主导的教学方法。

（1）开放实验的项目和内容由学生与指导老师商定。项目确定后由学生提出申请，经批准后到相关实验室进行实验，并填写实验室开放登记表，按照实验室管理规定进行实验。

（2）开放实验室应根据学生人数和实验内容做好实验室准备工作，实验技术人员参与开放工作。

（3）学生确定实验的项目之后，应查阅与实验内容有关的文献资料，写出实验实施方案，供老师或实验技术人员审查。

（4）学生进入实验室，必须严格遵守实验室的各项规章制度，在实验技术人员允许的情况下做自己选择的实验。

（5）各实验室应加强对开放实验的管理工作，切实做好准备工作，为培养高素质创新人才提供良好的条件和环境。

三、青海民族大学仪器使用管理制度

（1）实验室仪器安放合理，贵重仪器由专人保管，建立仪器档案，并备有操作方法、保养、维修、说明书及使用登记本。

（2）各仪器做到经常维护、保养和检查，精密仪器不得随意移动，若有损坏不得私自拆动，应及时通知相关人员，经学院同意后送仪器维修部门。

（3）易被潮湿空气、酸液或碱液等侵蚀而生锈的仪器，用后应及时擦洗干净，放通风干燥处保存。

（4）易老化、变黏的橡胶制品应防止受热、光照或与有机溶剂接触，用后应洗净，置于带盖容器或塑料袋中存放。

（5）各种仪器设备（冰箱、温箱除外），使用完毕后要立即切断电源，旋钮复原归位，待仔细检查后方可离开。

（6）一切仪器设备未经学院同意，不得外借，使用前须登记。

（7）仪器设备应保持清洁，一般应有仪器套罩。

（8）使用仪器时，应严格按操作规程进行，对违反操作规程和因保管不善致使仪器、器械损坏的，要追究当事人责任。

（9）老化的仪器设备或自然损坏且又无法修复的仪器设备可申请报废，经学校批准后报废生效。贵重仪器须由学校领导鉴定批准后方能报废，并填写报废登记单，学校领导签字生效。

四、青海民族大学实验室安全制度

（1）严禁在实验室内吸烟、打闹、玩耍，举行与实验无关的娱乐性活动。注意酒精灯、电热器等的使用，非实验需要禁止使用电炉。随时注意易燃、易爆物品的保管及使用情况，严防事故发生。

（2）实验室及库房内物品的存放要科学有序，严禁存放私人物品及杂物，电器、布线等设施要规范合理。要加强对危险品及贵重物品的管理，严格遵守各项管理制度及审批手续。

（3）实验室人员要高度重视实验室的门窗、水电、消防用具及有关设施的安全，保持高度警惕，发现隐患问题要及时上报，及时处理。

（4）实验操作要严格规范，切忌违规操作。实验结束后，必须检查电器电源、自来水龙头等设施，做到人走熄灯、关电、关水，做到万无一失。

（5）坚持安全检查制度，组成由院长负责、有关人员参加的安全检查小组，每学期对实验室的安全情况进行检查。对存在的问题，会同有关部门及时解决。

五、青海民族大学实验课教师职责

（1）树立良好的职业道德，尽职尽责，确保实验教学质量。

（2）按照教学大纲、教学计划和每学期的授课进度，负责提出本课程的实验内容，编写实验大纲、指导书等教学文件，会同实验技术人员确定实验方案。

（3）掌握实验原理和方法，会同实验员做好实验前的准备工作，指导学生实验，解决实验中出现的问题，批改实验报告，考核和评定学生的实验成绩。

（4）帮助实验员掌握实验原理和实验技能，协助实验中心主任做好实验员的培训和提高工作。

（5）积极参加实验室建设，协助实验室改进、设计和制造实验装置，提高实验教学水平。

（6）服从实验中心主任的领导，尊重实验员的职权，遵守实验室各项规章制度和操作规程，爱护仪器设备，节约能源、材料。

（7）承担科研项目的教师，要努力通过科研促进实验室建设。

（8）高度重视实验室的安全工作，注意防火、防水、防盗、防电、防事故。

六、青海民族大学实验室安全责任承诺书

青海民族大学
物理与电子信息工程学院实验中心

安全责任书

我已认真阅读过"青海民族大学实验室安全知识手册"，并承诺严格遵守实验室各项安全管理制度及操作规程。如因自己违反规定而造成损害，我愿意承担全部责任。

专业：

班级：

学号：

本人签字：
年　月　日

七、青海民族大学使用实验室申请表（表1-1）

表1-1 设计性实验申请表

实验名称			
项目来源		实验室	
实验时间			
实验条件	（注明所使用的水、电、气、药品等）		
使用仪器			
实验内容			

实验计划			
是否经过培训		实验过程危险性认知情况	
申请人签字		导师签字	
教研室主任签字		院系领导签字	

第二节　实验室安全知识及培训

一、实验室安全知识

在实验室中，同学们经常与毒性很强、有腐蚀性、易燃烧和具有爆炸性的化学药品直接接触，常常使用易碎的玻璃和瓷质器皿以及在煤气、水、电等高温电热设备的环境下进行着紧张而细致的工作，因此，必须十分重视安全工作。

在实验室开始工作前应了解煤气总阀门、水阀门及电闸所在处。离开实验室时，一定要将室内检查一遍，应将水、电、煤气的开关关好，门窗锁好。

使用煤气灯时，应先将火柴点燃，一手执火柴靠近灯口，一手慢开煤气门。不能先开煤气门，后划燃火柴。灯焰大小和火力强弱，应根据实验的需要来调节。用火时，应做到火着人在，人走火灭。

使用电器（如烘箱、恒温水浴、离心机、电炉等）时，严防触电；绝不可用湿手或在眼睛旁视时开关电闸和电器开关。应该用试电笔检查电器是否漏电，凡是漏电的仪器，一律不能使用。

使用浓酸、浓碱时，必须极为小心地操作，防止溅出。用移液管量取这些试剂时，必须使用橡皮球，绝对不能用口吸取。若不慎溅在实验台上或地面，必须及时用湿抹布擦洗干净。如果触及皮肤则应立即治疗。

使用可燃物，特别是易燃物（如乙醚、丙酮、乙醇、苯、金属钠等）时，应特别小心。可燃物不要大量放在桌上，更不要靠近火焰处。只有在远离火源时，或将火焰熄灭后，才可大量倾倒易燃液体。低沸点的有机溶剂不准在火上直接加热，只能在水浴上利用回流冷凝管加热或蒸馏。

（1）如果不慎倾出了相当量的易燃液体，则应按下面的方法处理：

①立即关闭室内所有的火源和电加热器。

②关门，开启小窗及窗户。

③用毛巾或抹布擦拭洒出的液体，并将液体拧到大的容器中，然后再倒入带塞的玻璃瓶中。

（2）用油浴操作时，应小心加热，不断用温度计测量，不要使温度超过油的燃烧温度。

（3）易燃和易爆炸物质的残渣（如金属钠、白磷、火柴头）不得倒入污物桶或水槽中，应收集在指定的容器内。

（4）废液，特别是强酸和强碱不能直接倒在水槽中，应先稀释，然后倒入水槽，再用大量自来水冲洗水槽及下水道。

（5）毒物应按实验室的规定办理审批手续后领取，使用时严格操作，用后妥善处理。

二、实验室灭火法

实验中一旦发生了火灾切不可惊慌失措，应保持镇静。应首先切断室内的一切火源和电源，其次根据具体情况正确地进行抢救和灭火。常用的方法有：

在可燃液体燃着时，应立即拿开着火区域内的一切可燃物质，关闭通风器，防止扩大燃烧。若着火面积较小，则可用抹布、湿布、铁片或沙土覆盖，隔绝空气，使之熄灭。但覆盖时要轻，避免碰坏或打翻盛有易燃溶剂的玻璃器皿，导致更多的溶剂流出而再着火。

如果酒精及其他可溶于水的液体着火，则可用水灭火。

如果汽油、乙醚、甲苯等有机溶剂着火，则应用石棉布或砂土扑灭。绝对不能用水，否则会扩大燃烧面积。

如果金属钠着火，则可把砂子倒在它的上面。

如果导线着火，则不能用水及二氧化碳灭火器灭火，应切断电源或用四氯化碳灭火器灭火。

如果衣服烧着，切忌奔走，可用衣服等包裹身体或躺在地上滚动，用于灭火。

如果发生火灾，则应注意保护现场。较大的着火事故应立即报警。

（一）实验室急救

在实验过程中不慎发生受伤事故，应立即采取适当的急救措施。

（1）受玻璃割伤及其他机械损伤：首先必须检查伤口内有无玻璃或金属等物的碎片，其次用硼酸水洗净，再次擦碘酒或紫药水，必要时用纱布包扎。若伤口较大或过深而大量出血，则应迅速在伤口上部和下部扎紧血管止血，并立即到医院诊治。

（2）烫伤：一般用浓的（90%～95%）酒精消毒后，涂上苦味酸软膏。如果伤处红痛或红肿（一级灼伤），可用橄榄油或用棉花蘸酒精敷盖伤处；若皮肤起泡（二级灼伤），不要弄破水泡，防止感染；铬伤处的皮肤呈棕色或黑色（三级灼伤），应用干燥且无菌的消毒纱布轻轻包扎好，急送医院治疗。

（3）强碱（如氢氧化钠、氢氧化钾），钠，钾等触及皮肤而引起灼伤时，要先用大量自来水冲洗，再用5%乙酸溶液或2%乙酸溶液涂洗；强酸、溴等触及皮肤而致灼伤时，应立即用大量的自来水冲洗，再以5%碳酸氢钠溶液或5%氢氧化铵溶液洗涤。

（4）若酚触及皮肤而引起灼伤，应该用大量的水清洗，并用肥皂和水洗涤，忌用乙醇。

（5）若煤气中毒，则应到室外呼吸新鲜空气，严重时应立即到医院诊治。

（6）水银容易由呼吸道进入人体，也可以经皮肤直接吸收而引起积累性中毒。严重中毒的征象是口中有金属气味，呼出气体也有气味；流唾液，牙床及嘴唇呈黑色（硫化汞的颜色）；淋巴结及唾液腺肿大。若不慎中毒，则应送医院急救。若急性中毒，则通常用碳粉或呕吐剂彻底洗胃，也可食入蛋白（如1升牛奶加3个鸡蛋清）或蓖麻油解毒并使之呕吐。

（7）触电：触电时可按下述方法之一切断电路。

①关闭电源；

②用干木棍使导线与被害者分开；

③使被害者和土地分离，急救时急救者必须做好防止触电的安全措施，手或脚必须绝缘。

（二）实验室常识

挪动干净玻璃仪器时，勿使手指接触仪器内部。

量瓶是量器，不要把量瓶当作盛器。带有磨口玻璃塞的量瓶等仪器的塞子，不要盖错。带玻璃塞的仪器和玻璃瓶等，如果暂时不使用，就要用纸条把瓶塞和瓶口隔开。

洗净的仪器要放在架上或干净的纱布上晾干，不能用抹布擦拭；更不能用抹布擦拭仪器内壁。

除微生物实验操作要求外，不要用棉花代替橡皮塞或木塞堵瓶口或试管口。

不要用纸片覆盖烧杯和锥形瓶等。

不要用滤纸称量药品，更不能用滤纸做记录。

不要用石蜡封闭精细药品的瓶口，以免掺混。

标签纸的大小应与容器相称，或用大小相当的白纸，绝对不能用滤纸。标签上要写明物质的名称、规格和浓度、配制的日期及配制人。标签应贴在试剂瓶或烧杯的 2/3 处，若为试管等细长形容器则贴在上部。如果使用铅笔做标记，则标在玻璃仪器的磨砂玻璃处。如果用玻璃蜡笔或水不溶性油漆笔做标记，则标在玻璃容器的光滑面上。

取用试剂和标准溶液后，须立即将瓶塞严，放回原处。如果取出的试剂和标准溶液未用尽，切勿倒回瓶内，以免带入杂质。

凡是释放烟雾、毒气体和臭味气体的实验，均应在通风橱内进行。橱门应紧闭，非必要时不能打开。

应重视和加倍爱护贵重仪器，如分析天平、比色计、分光光度计、酸度计、冰冻离心机、层析设备等，使用前，应熟知使用方法。若有问题，随时请指导实验的教师解答。使用时，要严格遵守操作规程。发生故障时，应立即关闭仪器，请告知管理人员，不得擅自拆修。

一般容量仪器的容积都是在 20℃下校准的。使用时如果温度差异在 5℃以内，容积改变不大，就可以忽略不计。

（三）玻璃仪器的清洗

实验中所使用的玻璃仪器清洁与否，直接影响实验结果，往往由于仪器的不清洁或被污染而造成较大的实验误差，甚至会出现相反的实验结果。因此，玻璃仪器的洗涤清洁工作是非常重要的。

新购买的玻璃仪器表面常附着有游离的碱性物质，可先用洗涤灵稀释液、肥皂水或去污粉等洗刷，再用自来水洗净，然后浸泡在 1%～2% 的盐酸溶液中过夜（不少于 4 小时），然后用自来水冲洗，最后用蒸馏水冲洗 2 ～ 3 次，在 80 ～ 100℃烘箱内烤干备用。

一般玻璃仪器：如试管、烧杯、锥形瓶等（包括量筒），先用自来水洗刷至无污物，再选用大小合适的毛刷，蘸取洗涤灵稀释液或浸入洗涤灵稀释液内，将器皿内外（特别是内壁）细心刷洗，然后用自来水冲洗干净后，蒸馏水冲洗 2 ～ 3 次，最后烤干或倒置在清洁处，干后备用。凡洗净的玻璃器皿，器壁上不应带有水珠，否则表示尚未洗干净，应再按上述方法重新洗涤。若发现内壁有难以去掉的污迹，应分别使用下述洗涤剂，予以清除，再重新冲洗。

量器：如移液管、滴定管、量瓶等，使用后应立即浸泡于凉水中，勿使物质干涸。工作完毕后用流水冲洗，去除附着的试剂、蛋白质等物质，晾干后浸泡在铬酸洗液中 4 ～ 6 小时（或过夜），再用自来水充分冲洗，最后用水冲洗 2 ～ 4 次，风干备用。

其他：具有传染性样品的容器，如病毒、传染病患者的血清等沾污过的容器，应先进行高压（或其他方法）消毒后再进行清洗。盛过各种有毒药品，特别是剧毒药品和放射性同位素等物质的容器，必须经过专门处理，确知没有残余毒物存在方可进行清洗。

（四）洗涤液的种类和配制方法

铬酸洗液（重铬酸钾 – 硫酸洗液，简称为洗液）广泛用于玻璃仪器的洗涤。常用的配制方法有下述四种：① 取 100mL 工业浓硫酸置于烧杯内，小心加热，然后小心慢慢地加入 5g 重铬酸钾粉末，边加边搅拌，待全部溶解后冷却，储于具有玻璃塞的细口瓶内。② 称取 5g 重铬酸钾粉末置于 250mL 烧杯中，加水 5mL，尽量使其溶解，慢慢加入浓硫酸 100mL，随加随搅拌，冷却后储存备用。③ 称取 80g 重铬酸钾，溶于 1000mL 自来水中，慢慢加入工业硫酸 100mL（边加边用玻璃棒搅动）。④ 称取 200g 重铬酸钾，溶于 500mL 自来水中，慢慢加入工业硫酸 500mL（边加边搅拌）。

浓盐酸（工业用）：可洗去水垢或某些无机盐沉淀。

5％草酸溶液：用数滴硫酸酸化，可洗去高锰酸钾的痕迹。

5％～ 10％磷酸三钠（$Na_3PO_4 \cdot 12H_2O$）溶液：可洗涤油污物。

30％硝酸溶液：洗涤 CO_2 测定仪器及微量滴管。

5％～ 10％乙二胺四乙酸二钠（EDTA–2Na）溶液：加热煮沸可洗脱玻璃仪器内壁的白色沉淀物。

尿素洗涤液：为蛋白质的良好溶剂，适用于洗涤盛蛋白质制剂及血样的容器。

　　酒精与浓硝酸混合液：最适合洗净滴定管，在滴定管中加入 3mL 酒精，然后沿管壁慢慢加入 4mL 浓硝酸（比重 1.4），盖住滴定管管口，利用所产生的氧化氮洗净滴定管。

　　有机溶剂：如丙酮、乙醇、乙醚等，可用于洗去油脂、脂溶性染料等污痕。二甲苯可洗脱油漆的污垢。

　　氢氧化钾的乙醇溶液和含有高锰酸钾的氢氧化钠溶液是两种强碱性的洗涤液，对玻璃仪器的侵蚀性很强，清除容器内壁污垢的洗涤时间不宜过长，使用时应小心慎重。上述洗涤液可多次使用，但是使用前必须将待洗涤的玻璃仪器用水冲洗多次，除去肥皂、去污粉或各种废液。若仪器上有凡士林或羊毛脂，应先用纸擦去，然后用乙醇或乙醚擦净后才能使用洗涤液，否则会使洗涤液迅速失效。例如，肥皂水，有机溶剂（乙醇、甲醛等）及少量油污都会使重铬酸钾 – 硫酸洗涤液变成绿色，降低洗涤能力。

实验一　仪器的洗涤

一、实验目的

（1）熟悉实验的常用仪器，熟悉其名称、规则，了解使用注意事项。
（2）学习并练习常用仪器的洗涤和干燥方法。

二、实验内容与步骤

（一）仪器洗涤

为了使实验得到正确的结果，实验所用的玻璃仪器必须是洁净的，有些实验还要求是干燥的，所以须对玻璃仪器进行洗涤和干燥。要根据实验要求、污物性质和玷污的程度选用适宜的洗涤方法。玻璃仪器的一般洗涤方法有冲洗、刷洗及药剂洗涤等。一般黏附的灰尘及可溶性污物可用水冲洗去。洗涤时应先往容器内注入约容积 1/3 的水，稍用力振荡后把水倒掉，如此反复冲洗数次。

如果容器内壁附有不易冲洗掉的污物，则可用毛刷刷洗，通过毛刷对器壁的摩擦去掉污物。毛刷可按所洗涤的仪器的类型、规格（口径）大小来选择。洗涤试管和烧瓶时，端头无直立竖毛的秃头毛刷不可使用。冲洗或刷洗后，应再用水连续振荡数次，必要时还应用蒸馏水淋洗三次。以上两种方法都洗不去的污物，则需要用洗涤剂或药剂来洗涤。油污或一些有机污物等，可用毛刷蘸取肥皂液或合成洗涤剂或去污粉来刷洗。更难洗去的污物或仪器口径较小、管细长不便刷洗时的仪器，可用铬酸洗液或王水洗涤，也可针对污物的化学性质选用其他适当的药剂洗涤（如碱、碱性氧化物、碳酸盐等可用 $6\text{mol} \cdot \text{L}^{-1}$ HCl 溶解）。用铬酸洗液或王水洗涤时，应先往仪器内注入少量洗液，使仪器倾斜并慢慢转动，让仪器内壁全部被洗液湿润，再转入仪器，使洗液在内壁流动，流动几圈后，把洗液倒回原瓶（不可倒入水池或废液桶，当失效的铬酸洗液变为暗绿色时才可另外回收或再生使用）。玷污严重的仪器可用洗液浸泡一段时间，或者用热洗液洗涤。用洗液洗涤时，绝不允许将毛刷放入洗瓶中，倒出洗液后，用水冲洗或刷洗，必要时还应用蒸馏水淋洗。

洗净标准：仪器是否洗净可通过器壁是否挂水珠来检查。将洗净后的仪器倒置，如果器壁透明，不挂水珠，则说明已洗净；如果器壁有不透明处或附着水珠或有油斑，则未洗净，应予重洗。

（二）玻璃仪器的干燥

晾干：是让残留在仪器内壁的水分自然挥发，最终使仪器干燥。

烘箱烘干：烘干箱如图 1-1-1 所示，使用时仪器口朝下，在烘箱的最下层放一个陶瓷盘，接住从仪器上滴下来的水，以免水损坏电热丝。

图 1-1-1　烘干箱

注：带有刻度的计量仪器不能用加热的方法进行干燥。

操作步骤及注意事项：按 SET 键设定所需温度及时间，红色指示灯亮，表示加热，待红灯灭，绿灯亮，表示加热停止。待红灯、绿灯自动相继熄灭，表示恒温，将调节器反复调整，直到显示所需温度。鼓风干燥箱无防爆装置，请勿放易燃物品。每次使用完后，应将电源全部切断，经常保持箱内外清洁。箱内物品放置切勿过挤，必须留出空间，以利热空气循环。箱内外应经常保持清洁。若长期不用则应套好塑料防尘罩，放在干燥的室内。使用中出现异常现象，请切断电源。

三、注意事项

（1）仪器壁上只留下一层既薄又均匀的水膜，不挂水珠，这表示仪器已洗净。

（2）已洗净的仪器不能用布或纸擦拭。

（3）不要未倒废液就注水。

（4）不要几支试管一起刷洗。

（5）用水原则是少量多次。

四、实验习题

（1）烤干试管时，为什么管口略向下倾斜？

（2）什么样的仪器不能用加热的方法进行干燥，为什么？

实验二 溶液的配制

一、实验目的

（1）掌握几种常用的配制溶液的方法。

（2）熟悉有关溶液的计算。

（3）练习使用量筒、比重计、移液管、容量瓶。

（4）配制几份备用溶液。

二、实验仪器及试剂

实验仪器：电子天平、玻璃棒、烧杯、量筒。

试剂：NaOH 固体、蒸馏水、草酸。

三、实验内容和步骤

（一）配制 50mL 的 6mol·L⁻¹NaOH 溶液

（1）计算：$6mol \cdot L^{-1} \times 50 \times 10^{-3} = \dfrac{W_{NaOH}}{40}$，$W_{NaOH}=12g$。

（2）称量：药品置于烧杯中，用电子天平称称量。

（3）配制：用少量水溶解 NaOH 固体，冷却后注入 50mL 量筒，洗涤烧杯三次，洗涤液注入量筒，加水至 50mL 刻度线，定容。

（二）配制 100mL 的 0.0100mol·L⁻¹H₂C₂O₄ 溶液

（1）仪器与试剂：分析天平、玻璃棒、烧杯、称量瓶、滴管容量瓶、台秤、草酸晶体、蒸馏水。

（2）计算：草酸晶体 $H_2C_2O_4 \cdot 2H_2O$ 的重量 $W=0.0100mol \cdot L^{-1} \times 100 \times 10^{-3}L \times 126g/mol=0.1260g$。

（3）称量：

①用台秤粗称 50g（瓶 + 总药品）。

②分析天平称量 $W_合$，分别为（1）50.4092g；（2）50.4093g；（3）50.4094g。

③计算倾倒后的质量 $W_减 = W_合 - W = 50.4093 - 0.1260 = 50.2833$（g）。

④倾倒出部分药品后称量，分别为（1）50.2833g；（2）50.2834g；（3）50.2834g。

（4）配制：用少量水溶解草酸晶体，注入 100mL 容量瓶，洗涤烧杯三次，洗涤液注入容量瓶中，加水至刻度线，振荡，摇匀。

（三）用 0.2000 mol·L⁻¹HAc 溶液配制 100mL 的 0.0100mol·L⁻¹ HAc 溶液

（1）仪器与试剂：洗耳球、移液管、容量瓶、多用滴管、溶液、蒸馏水。

（2）计算：$V_{HAc} = \dfrac{0.0100 mol \cdot L^{-1} \times 100 mL}{0.2000 mol \cdot L^{-1}} = 5 mL$。

（3）过程：

①将移液管下端置于溶液中，左手执洗耳球，利用负压使移液管中的液面上升。

②迅速用右手拇指堵住管口上端，用右手控制，使液面缓慢下降至零刻度线。

③移出移液管，将溶液注入 100mL 的容量瓶。

④加水至刻度线，振荡，摇匀。

（四）把 36% 的乙酸稀释成 50mL 的 2 mol·L⁻¹HAc 溶液

（1）仪器与试剂：量筒、烧杯、36% 的乙酸溶液、蒸馏水。

（2）计算：$V = \dfrac{0.05 \times 2 \times 60}{36\% \times 1.04} = 16$（mL）。

（3）过程：用 50mL 量筒取 16mL 36% 的乙酸溶液，加水稀释至离刻度 2～3mL 时，改用胶头滴管，滴定至刻度，用玻璃棒搅拌，摇匀。

四、实验讨论

（一）浓 H_2SO_4、NaOH（S）的移取

浓 H_2SO_4 有强腐蚀性，取用时要小心；NaOH(S) 易潮解，称量要迅速。

（二）移液管的使用

（1）移取溶液前要润洗。

（2）移液管的拿法。

（三）分析天平的使用

本次实验需称量草酸晶体 0.1260 g，精确度要求较高，误差只能为 0.0001 g，难度大，使用减量称量法，小心敲击。

（四）烧杯、量筒、容量瓶和移液管的使用

烧杯、量筒为配兑仪器，用于粗略配制溶液；而容量瓶和移液管用于配制标准溶液。

五、实验习题

（1）用浓 H_2SO_4 配制稀 H_2SO_4 溶液的过程中应注意哪些问题？

（2）使用比重计应注意些什么？

（3）用容量瓶配制溶液时，容量瓶是否干燥？能否用量筒量取溶液？

（4）使用吸管时应注意什么？

（5）如何使用称量瓶？从称量瓶往外倒样品时如何操作，为什么？

第二章　粉体材料制备技术

　　粉体是由许许多多小颗粒物质组成的集合体。其共同的特征是：具有许多不连续的面，比表面积大，由许多小颗粒物质组成。与大块固体相比较，相对微小的固体称之为颗粒。根据其尺度的大小，粉体常区分为颗粒（Particle）、微米颗粒（Micron Particle）、亚微米颗粒（Sub-micron Particle）、超微颗粒（Ultra-micron Particle）、纳米颗粒（Nano-particle），等等。通常粉体是工程学研究的对象，是尺度界于 10^{-9}m 到 10^{-3}m 范围的颗粒。

一、粉体的特性

　　从粉体工程学广泛的应用领域来看，以微小颗粒的形式来处理固体物质具有显而易见的以下几方面的必要性与有利性。

　　（1）比表面积增大，促进溶解性和物质活性的提高，易于反应处理。

　　（2）颗粒状态易于流动，可以精确计量控制供给与排出和成形。

　　（3）实现分散、混合、均质化与梯度化，控制材料的组成与构造。

　　（4）易于成分分离，有效地从天然资源或废弃物中分离有用成分。

二、粉体的制备

　　粉体技术指粉状物质的加工处理思路软件和相关设备硬件的总成。20 世纪 80 年代，随着粉体技术的不断提高与积累以及微颗粒、超微颗粒材料制备与应用技术的发展，粉体技术实现了超细化，相关理论也逐渐系统化；由于微颗粒、超微颗粒的行为与颗粒的行为差异较大，微颗粒、超微颗粒成为粉体科学重要的研究对象。20 世纪 90 年代，显微测试技术和计算机技术的飞速发展，促进了纳米粉体技术的诞生，纳米材料制备与应用技术又赋予粉体工程新的挑战和使用领域。21 世纪，颗粒微细化以及颗粒功能化与复合化的发展，为粉体技术在材料科学与工程领域的应用中开辟了新天地。例如，便于服用和可控溶解的缓释药物、延展性好和不易脱落的化妆品、高生物利用度的超微粉体食品、高精度抛光的研磨粉、高纯度材料制备的电子元件和各类能源材料，为高性能粉体的使用开拓了广阔的市场。

粉体的合成制备经过多年的发展，其合成的制备方法各种各样，按理论可分为物理和化学方法。

反应物的超细粉体有三大制备方法：固相法、气相法和液相法。尽管用固相法制备的粉体的处理量大，但其能量利用率低，在制备过程中易引入杂质，制备出的粉体粒径大且分布宽、形态难以控制，同步做表面处理困难；而气相法制备的纳米粉体纯度高、粒度小、分散性好，然而其制备设备昂贵、杂、能耗大、成本高的缺点又严重制约了气相法的应用和发展；相比之下，液相法具有制备形式多样、操作简便和粒度可控等优点，可以进行产物组分含量控制，便于掺杂，能实现分子/原子尺度水平上的混合，制得的粉体材料的表面活性高，是目前实验室和工业上广泛应用的制备金属氧化物超细粉体材料的方法。粉体材料的制备方法是根据需要，对粉体的表面特性进行物理、化学、机械等深加工处理，使粉体的表面物理、化学性质，诸如晶体结构和官能团、表面能、表面润湿性、电性、表面吸附和反应特性等发生变化，能够满足新材料、新工艺和新技术发展的要求。

实验一　高能球磨法制备 SiO_2 粉体

一、实验目的

（1）掌握制备纳米硅粉的机械球磨法。

（2）探究极性溶剂与非极性溶剂作为过程控制剂对球磨法制备纳米硅粉的化学组成、粒度、微观形貌、分散性、物相组成的影响。

二、实验仪器与设备

（1）实验材料：试剂硅粉，粒度 20 μm，纯度 ≥ 98 %；去离子水、无水乙醇（CH_3CH_2OH）；正己烷 [$CH_3(CH_2)_4CH_3$]。

（2）实验仪器：HLXPM-Φ100X4 行星式四筒研磨机（图 2-1-1）、玛瑙球磨罐。

图 2-1-1　四筒研磨机

（3）操作步骤及注意事项。

①滚筒的重量、数量要对称。

离心研磨机内装有四个小滚筒，在研磨加工时，四个小筒所装物料的重量应相当。如果零件的加工量较少，则可以仅使用其中的两个，须特别注意的是：两个滚筒应对称地放置在滚动体中，而且两个滚筒所装磨物的重量也应相当，防止因离心不平衡，使机器剧烈摆动，造成故障。

②滚筒的磨料不加满。

离心研磨机的滚筒与滚筒研磨机的滚筒一样，在研磨抛光加工时，滚筒不要装满物料，物料占滚筒体积的 40% ～ 50% 的效果最好。

③滚筒中所加物料的重量及研磨时间。

每个滚筒中装入物料（工件、磨料、水等）的重量，最大不要超过 11kg；工作时间方面，湿式研磨的时间以不超过 60 min 为宜，干式研磨的时间以不超过 30 min 为宜。如果有必要继续工作，滚筒容器内的温度应以不超过 80° 为宜。如果温度过高，会给容器内的工件、滚筒内衬 PU 带来不良的后果。我们可以在中途换水、换研磨剂的基础上继续作业。

三、实验原理

用球磨法制备纳米颗粒时，颗粒的细化程度受到断裂和冷焊这两个过程的控制。在球磨硅粉时，主要的问题为，随着硅颗粒细化到纳米级别时，比表面积增大，大量新鲜面的产生加剧了颗粒之间的冷焊过程，形成粒径较大的团聚体，破坏了纳米硅颗粒在脱嵌锂时的形变应力。过程控制剂（Process Control Agents，PCA）可以有效地缓解球磨时颗粒细化过程中因冷焊所造成的黏球、黏罐等现象。PCA 在高能球磨中的助磨机理主要有 Rehbinder 的"吸附降低强度"和 Klim-pel 的"矿浆流变学调节"两种学说。在颗粒细化的同时，对颗粒进行原位表面改性，能降低颗粒的表面能和球磨体之间的界面能，提高纳米粉体的分散性。在球磨的过程中，过程控制剂的工作机理十分复杂，目前较为合理的作用机理主要为"吸附降低硬度"，即吸附在颗粒表面的过程控制剂可以有效地降低其表面能或在颗粒近表面层产生晶格位错迁移，使其产生点或线缺陷，从而降低颗粒的强度与硬度。如果过程控制剂渗透到颗粒的裂纹之中，就能起到隔绝的作用，阻止裂纹闭合，促进裂纹延展，使颗粒更易细化。

四、实验内容

采用机械球磨法制备纳米硅粉。以 20 μm 硅粉为原料，分别采用去离子水、无水乙醇、正己烷作为不同的 PCA，通过行星磨进行球磨，对球磨后的产物进行了相应表征，探究极性溶剂与非极性溶剂、羟基基团对硅粉的细化、分散的影响，探究极性溶剂与非极性溶剂作为过程控制剂对球磨法制备纳米硅粉的化学组成、粒度、微观形貌、分散性、物相组成的影响。

五、实验步骤

不同粒径的氧化锆磨球按 10 mm∶5 mm∶1 mm∶0.2 mm= 1∶1∶10∶20 的质量比称取 150 g。硅粉与磨球按质量比 1∶50 放入玛瑙球磨罐中，分别加入去离子水、无水乙醇、正己烷各 9 mL，密封完成后，放入 HLXPM-Φ 100X4 行星球磨机中，转速调节为 300 r/min，球磨 48 h 后得到纳米硅粉。X 射线衍射仪测试样品的物相组成；傅里叶红外光谱仪通过压片测试样品的红外光谱；激光粒度测试仪测试样品的粒度分布；场发射扫描电子显微镜和高分辨透射电子显微镜测试样品的微观组成。

六、实验数据整理及结果分析

（1）原始粉体的形貌表征。
（2）球磨产物的红外表征。
（3）球磨产物的粒度及物相分析。

实验二 沉淀法制备纳米氧化锌粉体

一、实验目的

（1）了解沉淀法制备纳米粉体的实验原理。

（2）掌握沉淀法制备纳米氧化锌的制备过程和化学反应原理。

（3）了解反应条件对实验产物形貌的影响，并对实验产物进行表征分析。

二、实验原理

氧化锌是一种重要的宽带隙（3.37 eV）半导体氧化物，近年来，低维（0维、1维、2维）纳米材料由于具有新颖的性质已经引起了人们广泛的兴趣。氧化锌纳米材料已经应用在纳米发电机、紫外激光器、传感器和燃料电池等方面。通常的制备方法有蒸发法、液相法。我们在这里主要讨论沉淀法。

沉淀法是指包含一种或多种离子的可溶性盐溶液，当加入沉淀剂（如 OH^-、CO_3^{2-} 等）后，或在一定温度下使溶液发生水解，不溶性的氢氧化物、氧化物或盐类从溶液中析出，并将溶剂和溶液中原有的阴离子洗去，得到所需的化合物粉料。

均匀沉淀法是利用化学反应使构晶离子从溶液中缓慢均匀地释放出来的方法。而加入的沉淀剂不是立即在溶液中发生沉淀反应，而是通过沉淀剂在加热的情况下缓慢水解，在溶液中均匀地反应。

纳米颗粒在液相中的形成和析出分为两个过程，一个是核的形成过程，称为成核过程；另一个是核的长大，称为生长过程。这两个过程的控制对于产物的晶相、尺寸和形貌是非常重要的。

制备氧化锌常用的原料是可溶性的锌盐，如硝酸锌 $Zn(NO_3)_2$、氯化锌 $ZnCl_2$、醋酸锌。常用的沉淀剂有氢氧化钠（NaOH）、氨水（$NH_3 \cdot H_2O$）、尿素 $[CO(NH_2)_2]$。一般情况下，锌盐在碱性条件下只能生产 $Zn(OH)_2$ 沉淀，不能得到氧化锌晶体。要得到氧化锌晶体，通常需要进行高温煅烧。均匀沉淀法通常使用尿素作为沉淀剂，通过尿素分解 NH_3H_2O 与锌离子在反应过程中产生的沉淀。反应如下：

$$CO(NH_2)_2 + 3H_2O \longrightarrow CO_2 + 2NH_3 \cdot H_2O \qquad （1）$$

OH⁻ 的生成：

$$NH_3 \cdot H_2O \longrightarrow NH_4^+ + OH^-$$ （2）

CO_3^{2-} 的生成：

$$2NH_3 \cdot H_2O + CO_2 \longrightarrow 2NH_4^+ + CO_3^{2-} + H_2O$$ （3）

形成前驱物碱式碳酸锌的反应：

$$3Zn^{2+} + CO_3^{2-} + 4OH^- + H_2O \longrightarrow ZnCO_3 \cdot 2Zn(OH)_2 \cdot H_2O \downarrow$$ （4）

热处理后得到产物 ZnO：

$$ZnCO_3 \cdot 2Zn(OH)_2 \cdot H_2O \longrightarrow 3ZnO + CO_2 \uparrow + 2H_2O$$ （5）

本实验对通过 $Zn(NO_3)_2$ 和 NaOH 反应得到的 $Zn(OH)_4^{2-}$ 进行热分解反应，制备了氧化锌纳米晶体。以 NaOH 作为沉淀剂，一步法直接制备纳米氧化锌的反应式如下：

$$Zn^{2+} + 2OH^- \longrightarrow Zn(OH)_2 \downarrow$$ （6）

$$Zn(OH)_2 + 2OH^- \longrightarrow Zn(OH)_4^{2-}$$ （7）

$$Zn(OH)_4^{2-} \longrightarrow ZnO \downarrow + H_2O + 2OH^-$$ （8）

该实验方法过程简单，不需要煅烧处理就可得到氧化锌晶体，而且可以通过调控 Zn^{2+}/OH^- 的摩尔比控制氧化锌纳米材料的形貌。

三、实验仪器与试剂

仪器：恒温水浴、磁力搅拌器、离心机、温度计、烧杯、烧瓶、电子天平。

试剂：硝酸锌 $Zn(NO_3)_2 \cdot 6H_2O$、氢氧化钠 NaOH、蒸馏水、乙醇。

四、实验步骤

以 NaOH 作为沉淀剂，一步法直接制备纳米氧化锌。

（一）产物为柱状结构（Zn^{2+}/OH^- 的摩尔比为 1：20）

（1）在室温下，在烧杯中称取 0.3 g $Zn(NO_3)_2 \cdot 6H_2O$（0.001 mol），然后加入 40 mL 蒸馏水，搅拌 5min，配成无色澄清的溶液。

（2）在室温下，在烧杯中称取 0.8 g NaOH（0.02 mol），然后加入 40 mL 蒸馏水，搅拌 5min，配成无色澄清的溶液。

（3）在室温下，将 $Zn(NO_3)_2$ 溶液快速滴加到 NaOH 的溶液中，磁力搅拌 5min，得到无色透明溶液。

（4）将透明溶液转移到150mL烧瓶中，在80℃的水浴中反应2 h，观察实验现象，并记录时间。

（5）将生产的白色沉淀物分别用水和酒精洗涤3次，进行离心分离后，放在烘箱中60℃下干燥10 h后，得到粉体。

（二）产物为纳米片（Zn^{2+}/OH^- 的摩尔比为 1：4）

（1）在室温下，在烧杯中称取1.5 g $Zn(NO_3)_2 \cdot 6H_2O$（0.005 mol），然后加入40 mL蒸馏水，搅拌5min，配成无色澄清的溶液。

（2）在室温下，在烧杯中称取0.8 g NaOH（0.02 mol），然后加入40 mL蒸馏水，搅拌5min，配成无色澄清的溶液。

（3）在室温下，将 $Zn(NO_3)_2$ 溶液快速滴加到NaOH的溶液中，磁力搅拌，得到白色的悬浊溶液。

（4）将悬浊溶液转移到150mL烧瓶中，在80℃的水浴中反应2 h。

（5）将白色沉淀物分别用水和酒精洗涤3次，进行离心分离后，放在烘箱中60℃下干燥10 h，得到粉体。

以尿素作为沉淀剂，进行沉淀反应的实验步骤：

（1）在室温下，在烧杯中称取3.0 g $Zn(NO_3)_2 \cdot 6H_2O$（0.001 mol），然后加入40 mL蒸馏水，搅拌5min，配成无色澄清的溶液。

（2）用蒸馏水配制40 mL尿素（1.8 g）溶液，使尿素与硝酸锌的摩尔比为3：1，并将尿素溶液倒入烧瓶，与锌盐溶液混合均匀。

（3）将混合后的溶液在90～100℃加热反应3 h。

（4）将反应所得的沉淀过滤、洗涤（用蒸馏水洗涤）。

（5）将洗涤后的滤饼放入80℃的烘箱内干燥，得到前驱物碱式碳酸锌，呈白色粉末状。

（6）将前驱物放入马弗炉内450℃煅烧2 h，即得到纳米氧化锌粉体。

五、样品表征

（1）XRD 表征图。

（2）SEM 表征图。

六、思考题

（1）NaOH 与锌盐的浓度比、反应时间和反应温度对产物有何影响？

（2）为什么实验的反应产物直接是氧化锌晶体，而不是氢氧化锌？

实验三　水热法合成碘氧化铋纳米粉体材料

一、实验目的

（1）了解水热法制备纳米氧化物的原理及实验方法。

（2）研究碘氧化铋纳米粉制备的工艺条件。

二、仪器及试剂

实验仪器：电子天平、不锈钢压力釜（高温型）、恒温箱（带控温装置）、离心机等。

实验试剂：无水硝酸铋、碘化钾、乙二醇、水、无水乙醇等。

三、实验原理

水热法的原理：水热法制备粉体的化学反应过程是在流体参与的高压容器中进行的。高温时，密封容器中的药品产生溶解膨胀，将充满整个容器，从而产生很高的压力，为使反应较快和较充分地进行，通常还需要在高压釜中加入各种矿化物。水热结晶主要是溶解－再结晶机理，即利用高温高压的水溶液使那些在大气条件下不溶或难溶的物质溶解，或反应生成该物质的溶解产物，通过控制高压釜内溶液的温差产生对流，以形成过饱和状态而析出生长晶体的方法。

水热法一般以氧化物或氢氧化物（新配置的凝胶）作为前驱物。在加热过程中，溶解度随着温度的升高而增加，最终导致溶液过饱和并逐步形成更稳定的氧化物新相。反应过程的驱动力是最后可溶的前驱物或中间产物与稳定氧化物之间的溶解度差。

四、实验步骤

（一）碘氧化铋纳米粉的合成（溶剂为水）

将1mmol的无水硝酸铋和1mmol的碘化钾加入25mL的去离子水中，搅拌至完全溶解后，将溶液加入高压釜中，在160℃温度下进行24h的水热沉淀反应，填充度为60%。所得产物用去离子水反复洗涤，最后在不同温度下干燥若干小时，得到产物。

（二）碘氧化铋纳米粉的合成（溶剂为乙二醇）

将 1mmol 的无水硝酸铋和 1mmol 的碘化钾加入 25mL 的乙二醇中，搅拌至完全溶解后，将溶液加入高压釜中，在 160℃温度下进行 24h 的水热沉淀反应，填充度为 60%。所得产物用去离子水反复洗涤，最后在不同温度下干燥若干小时，得到产物。

五、数据记录与处理

（1）产率计算：

理论产量 M_1=1.4567g。

实际产量 M_2=0.3773g。

则碘氧化铋的产率 = 实际产量 ÷ 理论产量。

即：P%=0.3773÷1.4567=25.90%。

（2）用 X 射线衍射法（XRD）确定产物的物相结构。

（3）用扫描电镜（SEM）确定产物的形貌。

六、思考题及讨论

（1）在用水热法合成碘氧化铋纳米粉体材料的过程中，哪些因素影响产物的粒子大小及其分布？

（2）如何减少纳米粒子在干燥过程中的团聚？

（3）水热法的特点是什么？

（4）影响水热合成的因素有哪些？

实验四　溶胶－凝胶法制备纳米二氧化钛

一、实验目的

（1）了解溶胶－凝胶法及其在制备纳米级半导体材料 TiO_2 上的应用。

（2）掌握溶胶－凝胶法制备的工艺过程与原理。

（3）通过实验加深对基础理论的理解和掌握，提高实验思维与实验技能。

二、实验原理

纳米 TiO_2 具有许多独特的性质。比表面积大，表面张力大，熔点低，磁性强，光吸收性能好，特别是吸收紫外线的能力强，表面活性大，热导性能好，分散性好等。基于上述特点，纳米 TiO_2 具有广阔的应用前景。如何开发、应用纳米 TiO_2，已成为各国材料学领域的重要研究课题。目前，合成纳米二氧化钛粉体的方法主要有液相法和气相法。传统的方法不能或难以制备纳米级二氧化钛，而溶胶－凝胶法则可以在低温下制备高纯度、粒径分布均匀、化学活性大的单组分或多组分分子级纳米催化剂，因此，本实验采用溶胶－凝胶法制备纳米二氧化钛光催化剂。

制备溶胶所用的原料为钛酸四丁酯 $[Ti(O-C_4H_9)_4]$、水、无水乙醇 (C_2H_5OH) 以及冰醋酸。反应物为 $Ti(O-C_4H_9)_4$ 和水，分相介质为 C_2H_5OH，冰醋酸可调节体系的酸度，防止钛离子水解过速，使 $Ti(O-C_4H_9)_4$ 在 C_2H_5OH 中水解生成 $Ti(OH)_4$，脱水后即可获得 TiO_2。在后续的热处理过程中，只要控制适当的温度条件和反应时间，就可以获得金红石型和锐钛型的二氧化钛。

在酸性条件下，在乙醇介质中，钛酸四丁酯的水解反应是分步进行的。总水解反应表示为下式，水解产物为含钛离子溶胶。

$$Ti(O-C_4H_9)_4 + 4H_2O \longrightarrow Ti(OH)_4 + 4C_4H_9OH$$

一般认为，在含钛离子溶液中，钛离子通常与其他离子相互作用，形成复杂的网状基团。上述溶胶体系静置一段时间后，由于发生胶凝作用，最后形成稳定凝胶。

三、实验器材

药品：钛酸正四丁酯（分析纯）、无水乙醇（分析纯）、冰醋酸（分析纯）、盐酸（分析纯）、蒸馏水。

仪器：恒温磁力搅拌器，搅拌子，三口瓶（250 mL），恒压漏斗（50 mL），量筒（10 mL、50 mL），烧杯（100 mL）。

四、实验步骤

（1）量取 10mL 钛酸四丁酯，缓慢滴入 35mL 无水乙醇中，用磁力搅拌器强力搅拌 10～30min，混合均匀，形成黄色澄清溶液 A。

（2）将 4 mL 冰醋酸和 10mL 蒸馏水加到 35mL 无水乙醇中，剧烈搅拌，得到溶液 B，滴入 1～2 滴盐酸，调节 pH，使 $2 \leq pH \leq 3$。

（3）室温水浴下，在剧烈搅拌下，将已移入恒压漏斗中的溶液 A 缓慢滴入溶液 B 中，滴速大约 60～80 滴 / 分钟（不能太快），滴加完毕后得到浅黄色溶液；同时利用恒温磁力搅拌器进行剧烈搅拌，使钛酸四丁酯水解；继续搅拌 30min 后，40℃水浴加热，再连续搅拌约 2～3h，得到凝胶（倾斜烧瓶凝胶不流动），如图 2-4-1 所示。

（4）所得凝胶在 80℃下烘干（约 20h），研磨，得到淡黄色粉末。在不同的温度下（300、400、500、600℃）热处理 2h，得到不同的二氧化钛粉体。

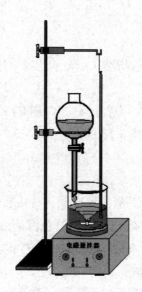

图 2-4-1　溶胶凝胶法制备纳米 TiO_2 实验装置图

五、数据记录与处理

（1）X 射线衍射（XRD）谱图。XRD 技术根据谱图中衍射峰的宽度定性判断所检测物质（粉末或薄膜）的粒径大小，因为同种晶体的粒径大小与其衍射峰的宽度成反比关系。经 300、400、500、600℃热处理的纳米二氧化钛被作为 XRD 的特性表征。

（2）透射电镜（TEM）表征。

六、思考题

（1）为什么所有的仪器必须干燥？

（2）加入冰醋酸的作用是什么？

（3）为何本实验选用钛酸正丁酯 $[Ti(OC_4H_9)_4]$ 为前驱物，而不选用四氯化钛 $TiCl_4$ 为前驱物？

（4）简述作为光催化剂的 TiO_2 降解废水的原理？

实验五　气相沉积法制备石墨烯

一、实验目的

（1）了解气相沉积法制备石墨烯的实验原理。

（2）掌握气相沉积法制备石墨烯的制备过程。

（3）通过实验，进一步加深对基础理论的理解和掌握，做到有目的合成，提高实验思维与实验技能。

二、实验仪器与设备

（1）实验材料与试剂实验药品：铜箔、甲基丙烯酸甲酯 PMMA、丙酮、氯化铁、过硫酸铵溶液、苯甲醚、甲烷（99.999％）、氮气（99.9％）、去离子水（自制）。

（2）实验仪器：鼓风干燥箱、气相沉积管式炉。

三、实验原理

气相沉积法（CVD 法）是以甲烷等含碳化合物作为碳源，在镍、铜等具有溶碳量的金属基体上，先将碳源高温分解，再强迫冷却，最终在基体表面形成石墨烯的方法。其在生长机理上主要分为两种，如图 2-5-1 所示。

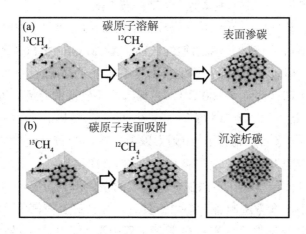

图 2-5-1　CVD 法生长石墨烯的渗碳析碳机制（a）与表面生长机制（b）示意图

（1）渗碳析碳机制：对于镍等具有较高溶碳量的金属基体，碳源裂解产生的碳原子在高温时渗入金属基体内，在降温时再从其内部析出成核，最终生长成石墨烯。

（2）表面生长机制：对于铜等具有较低溶碳量的金属基体，在高温下气态碳源裂解生成的碳原子吸附于金属表面，进而成核生长成石墨烯薄膜。单层石墨烯是二维碳－碳结构，当还原反应不完善或不充分时，二维石墨烯薄膜结构上会出现很多不平整的、有一定密度的原子尺度的台阶，使石墨烯的质量和性能出现大幅度下降；通过调整生长过程中还原气体 H_2 的比例，能够有效地减少石墨烯薄膜中的原子尺度的台阶的数量，从而提高石墨烯的质量。

石墨烯的 CVD 生长主要涉及三个方面：碳源、生长基体和生长条件，其中，使用大量的还原气体氢气是关键生产条件之一。

碳源：生长石墨烯的碳源主要是烃类气体，如甲烷（CH_4）、乙烯（C_2H_4）、乙炔（C_2H_2）等，最近，也有报道使用固体碳源 SiC 生长石墨烯的。选择碳源需要考虑的因素主要有烃类气体的分解温度、分解速度和分解产物等。碳源的选择在很大程度上决定了生长温度，采用等离子体辅助等方法也可降低石墨烯的生长温度。

生长基体：用于生长的基体主要是金属箔或特定基体上的金属薄膜。金属主要有 Ni、Cu、Ru，以及它们的合金等。选择的主要依据为金属的熔点、溶碳量，以及是否有稳定的金属碳化物等。这些因素决定了石墨烯的生长温度、生长机制和使用的载气类型。另外，金属的晶体类型和晶体取向也会影响石墨烯的生长质量。除金属基体外，MgO 等金属氧化物最近也被用来生长石墨烯，但所得的石墨烯尺寸较小（纳米级），难以获得实际应用。

生长条件：从气压的角度可分为常压（10^5 Pa）、低压（$10^{-3} \sim 10^5$ Pa）和超低压（$< 10^{-3}$ Pa）；载气类型为惰性气体（Ar、He）或氮气（N_2），以及大量使用的还原性气体氢气（H_2）；据生长温度不同可分为高温（$> 800℃$）、中温（$600 \sim 800℃$）和低温（$< 600℃$），主要取决于碳源的分解温度。

本实验研究以 Cu 为基体的 CVD 法生长石墨烯。本实验采用了低压（50 Pa ～ 5 kPa）条件，温度在 1000℃以上，基体为较高纯度的 Cu 箔（纯度 > 99 %），载气选用氮气。本实验与以往的 CVD 法制备石墨烯的最大区别是不使用还原性气体氢气。在不添加任何氢气的条件下，石墨烯的生长可在几分钟之内完成。采用本方法制备石墨烯，具有可控性好、铜箔价格低廉、易于转移和工业化制备等优点。本实验在制备过程中没有使用大量的还原气体氢气，从而简化了制备工艺，降低了生产成本和制备时间。实验和检测结果表明：采用这种 CVD 新工艺方法制备石墨烯时，重复性很好。

四、实验内容

（一）石墨烯的制备

剪切 1 cm×1 cm 规则的小正方形铜片，压平，先放入含有去离子水的烧杯中，超声清洗 20 min；再放入 100℃的鼓风干燥箱中烘 10 min；最后把铜片放入石英舟内，将石英舟（含铜片）推到管式炉中间。前期先通入氮气 200 mL/min，排净管内的空气并开始升温。温度达到 1000℃ 时，首先让温度稳定 20 min，其次关闭氮气，最后通入甲烷 15 mL/min，反应 30 min。反应完成后，关闭电源和甲烷，通入氮气 200 mL/min，排净管内可能残余的甲烷，在氮气环境下将管子冷却到室温，取出石英舟，得到沉积石墨烯的铜箔。

（二）石墨烯的转移

运用化学气相沉积法制备石墨烯的转移包括以下 4 个步骤：①聚甲基丙烯酸甲酯（PMMA）的旋涂。将沉积了石墨烯的铜箔置于旋涂机上，分别以低速和高速在其表面均匀涂覆一层厚度为 0.5 ~ 1.0 mm 的 PMMA 薄层，其中，低速为 60 rad/min，涂覆时间为 10s；高速为 7000 rad/min，涂覆时间为 60 s。②铜箔的溶解。将铜箔 PMMA 面朝上，漂浮在氯化铁溶液的表面上，铜箔在氯化铁溶液中将逐渐被腐蚀掉，由此可得到涂覆有 PMMA 的石墨烯薄膜，即 PMMA/ 石墨烯。③PMMA/ 石墨烯的清洗。将 PMMA/ 石墨烯放置在干净的玻璃片上，并将此玻璃片放入盛有去离子水的烧杯中，此时，玻璃片沉入去离子水中，PMMA/ 石墨烯薄膜则漂浮在去离子水的表面上，超声清洗 10 min，洗净氯化铁溶液。④去除 PMMA。用苯甲醚（或丙酮）去除 PMMA 薄膜：首先将载有 PMMA/ 石墨烯的玻璃片略为倾斜，将苯甲醚 / 丙酮滴在玻璃片的边缘上，使苯甲醚 / 丙酮缓慢地覆盖在 PMMA 薄膜上，溶解掉 PMMA 薄膜；其次在玻璃片的边缘用吸纸将剩余的苯甲醚 / 丙酮吸走，重复几次即可将 PMMA 清洗干净，得到附在玻璃片上的石墨烯；最后吹干，完成石墨烯的转移过程，得到高质量、高纯度的石墨烯。

（三）石墨烯的表征

采用拉曼测试、扫描电子显微镜和 X 射线多晶衍射对本实验制备的石墨烯进行表征。小型管式炉 GSL-1500X 如图 2-5-2 所示。

图 2-5-2 小型管式炉 GSL-1500X

实验六　微波溶剂热法制备碘氧化铋

一、实验目的

（1）了解微波溶剂热法制备碘氧化铋的实验原理。

（2）掌握微波溶剂热法制备碘氧化铋的过程。

（3）通过实验，进一步加深对基础理论的理解和掌握，做到有目的地合成，提高实验思维与实验技能。

二、实验仪器与设备

（1）实验材料：无水硝酸铋、碘化钾、无水乙醇、去离子水（自制）。

（2）实验仪器：KH-55AS 型鼓风干燥箱、XH-800S 型微波水热平行合成仪（图 2-6-1）、TDL-5A 型离心机。

图 2-6-1　XH-800S 型微波水热平行合成仪

三、实验原理

微波加热是物质在电磁场中由介质损耗引起的体积加热。在高频变换的微波能量场作用下，分子运动由原来杂乱无章的状态变成有序的高频振动，从而使分子动能转变成热能，其能量通过空间或媒介以电磁波的形式传递，可实现分子水平上的搅拌，达到均匀加热，因此微波加热又称为无温度梯度的"体加热"。在一定微波场中,物质吸收微波的能力与其介电性能和电磁特性有关。介电常数较大、有强介电损失能力的极性分子与微波有较强的耦合作用,可将微波辐射转化为热量并分散于物质中。因此在相同微波条件下,不同的介质组成表现出不同的温度效应。该特征适用于对混合物料中的各组分进行选择性加热。

微波加热有致热与非致热两种效应。微波是频率介于 300MHz ～ 300GHz 的超高频振荡电磁波,其相应波长为 100cm ～ 1nm,能够整体穿透有机物碳键结构,使能量迅速传达至反应物的各个功能团上。由于极性分子内的电荷分布不平衡,可通过分子偶极作用在微波场中迅速吸收电磁能量,以每秒数十亿次高速旋转产生热效应,这就是微波的"致热效应"。一些学者认为,微波辐射除存在"致热效应"外,还存在直接作用于反应分子而引起的特殊的"非致热效应"。由于微波频率与分子转动频率相近,微波被极性分子吸收时,可与分子平动能发生自由交换,降低反应活化能,加快合成速度,提高平衡转化率,减少副产物,改变立体选择性等效应,从而促进反应进程,即所谓的"特殊效应"或"非致热效应"。

针对制备碘氧化铋纳米材料,从晶体形成的动力学机理可知,形成纳米尺寸晶粒的条件首先必须满足:晶体的成核速度大于晶体的生长速度。微波辐射在纳米晶体形成的过程中所起的作用:当辐射波照射到被加热的物体时,引起 C—C、C—H 以及 O—H 键的振动,物体由内部产生热量,因而有极快的加热速度和极小的热惯性。当微波辐射到含有碘离子和铋离子的水溶液时,水分子中的 O—H 键产生振动,瞬间释放出大量的热。一方面,碘离子和铋离子迅速水解生成水合碘氧化铋分子,局部成为过饱和溶液;另一方面,过饱和溶液由于短时间的急剧升温,产生了大量的晶核,从而保证了水合碘氧化铋晶体的纳米尺度,进而为形成纳米颗粒提供了必要条件。

四、实验内容及步骤

制备碘氧化铋:

清洗烧杯、钥匙、磁子,并在鼓风箱里面干燥。

称量 1.3820 g 的 $Bi(NO_3)_3 \cdot 5H_2O$,放入装有 15 mL 乙二醇的烧杯中,在磁力搅拌器的搅拌下(约搅拌 30 min),使其完全溶解,形成 A 溶液。

称量 0.501 g 的 KI,放入装有 25 mL 乙二醇的烧杯中,在磁力搅拌器的搅拌下(约搅拌 30 min),使其完全溶解,形成 B 溶液。

将 B 溶液逐滴加入 A 溶液,搅拌 10 min 后,将上述混合液装入微波水热平行合成仪自带的水热罐中，填充率为 50 %，其中，主罐中必须加入溶液，分阶段设定加热温度，在 160℃下的反应时间为 10min。

等反应结束后，水热釜冷却到室温，打开水热釜，将反应后的产物倒入离心管中，在转速为 5000 r/min 的转速下离心 8min，反复用去离子水洗 3 次，最后用酒精洗一次，放入鼓风干燥箱，温度为 80℃，干燥 12 h。

最后将粉末样品用样品袋收集。

微波水热平行合成仪升温阶段程序设定如下所示。

试验阶段 1：

5 min

90℃

压力上限　2.5 MPa

功率 400 W

试验阶段 2：

5 min

160℃

压力上限　2.5 MPa

功率 400 W

试验阶段 3：

10 min

160℃

五、数据记录与处理

（1）X 射线衍射（XRD）谱图。

（2）扫描电镜（SEM）表征。

六、思考题

（1）什么是微波溶剂热法，哪些因素影响产物的粒子大小及其分布？

（2）微波溶剂热法的特点是什么？

第三章 光伏发电技术

　　光伏发电技术是集半导体材料、电力电子技术、现代控制技术、蓄电池技术及电力工程技术于一体的综合性技术，是当今新能源发电领域应用较为广泛的技术之一。目前，光伏发电技术已广泛应用于需要电源的任何场合，如航天器、家用电源、电子产品、光伏电站等，光伏发电技术已成为清洁能源利用的主流。

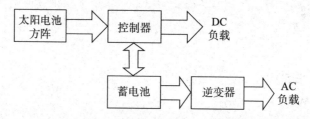

图 3-1　光伏发电系统结构示意图

　　光伏发电是根据光生伏特效应原理，利用太阳电池将太阳光能直接转化为电能。如图 3-1 所示，光伏发电系统主要由太阳电池板（组件）、控制器、逆变器、蓄电池和负载组成。其中，电池组件是太阳能发电系统中的核心部分，它将太阳的辐射能力转换为电能，或送往蓄电池中存储起来，或推动负载工作，太阳能电池组件的质量和成本将直接决定整个系统的质量和成本；控制器控制整个系统的工作状态，并对蓄电池起到过充电保护、过放电保护的作用，新型的控制器还具备温度补偿、最大功率点跟踪等功能；光伏储能的蓄电池一般为铅酸电池，在小微型系统中，也可用镍氢电池、镍镉电池或锂电池，其作用是在有光照时将太阳能电池板所发出的电能储存起来，到需要的时候再释放出来；逆变器是将太阳能发电系统所发出的直流电能转换成交流电能，以满足交流负载以及不同的电压需求。

　　掌握太阳能光伏发电技术，首先是了解太阳能资源，包括太阳光谱、太阳辐射能，有利于理解太阳电池工作原理、光伏组件的安装设计等；其次是太阳电池的基本特性、安装设计以及运维管理等。太阳能资源及气象条件决定了组件选型和安装条件，负载及电力输送条件决定了电站类型。太阳能光伏发电系统按电力输送方式，可分为独立光伏发电、并网光伏发电、分布式光伏发电。其中，分布式光伏发电系统，又称为分散式发电或分布式供能，是指在用户现场或靠近用电现场配置较小的光伏发电供电系统，以满足特定用户的需求，支持现存配电网的经济运行，或者同时满足这两个方面的要求。其运行模式是在有太阳辐射的条件下，光伏发电系统的太阳能电池组件阵列将太阳能转换输出的电能，经过直流汇流箱集中送入直流配电柜，由并网逆变器逆变成交流电，供给建筑自身负载，多余或不足的电力通过连接电网来调节。

实验一　太阳辐射能的测量

一、实验目的

（1）掌握太阳辐射的测定、计算方法。
（2）学会计算太阳辐射。

二、实验仪器

实验仪器：太阳能总辐射表。

三、实验原理

（一）太阳辐射

太阳辐射是指太阳以电磁波的形式向外传递能量，太阳向宇宙空间发射的电磁波和粒子流。太阳辐射所传递的能量，称太阳辐射能。地球所接受到的太阳辐射能量虽然仅为太阳向宇宙空间放射的总辐射能量的二十二亿分之一，但却是地球大气运动的主要能量源泉，也是地球光热能的主要来源。

如图 3-1-1 所示，太阳辐射通过大气，一部分到达地面，称为直接太阳辐射；另一部分为大气的分子、大气中的微尘、水汽等吸收、散射和反射。被散射的太阳辐射一部分返回宇宙空间，另一部分到达地面。到达地面的这部分称为散射太阳辐射。到达地面的散射太阳辐射和直接太阳辐射之和称为总辐射。

（二）太阳能总辐射表

总辐射表又称天空辐射表，是用来测量水平面上，在 2π 立体角内所接收到的太阳直接辐射和散射太阳辐射之和的总辐射（短波），是辐射观测最基本的项目，多用于太阳能辐射站上的总辐射数据监测。

总辐射表（图 3-1-2）由双层石英玻璃罩、感应元件、遮光板、表体、干燥剂等部分组成。

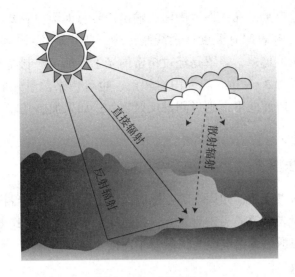

图 3-1-1 太阳辐射

图 3-1-2 太阳能总辐射表的组成部分

感应元件是该表的核心部分，它由快速响应的绕线电镀式热电堆组成。感应面涂 3M 无光黑漆。感应面为热节点，当有阳光照射时温度升高，它与另一面的冷节点形成温差电动势，该电动势与太阳辐射强度成正比。总辐射表双层玻璃罩是为了减少空气对流对辐射表的影响。内罩是为截断外罩本身的红外辐射而设的。总辐射表输出辐射量（W/m）= 测量输出电压信号值（μV）÷ 灵敏度系数（μV/W·m），每个传感器分别给出标定过的灵敏度系数。

该表运用的是热电效应原理。感应元件采用绕线电镀式多接点热电堆，其表面涂有高吸收率的黑色涂层。热接点在感应面上，冷节点则位于机体内，冷热接点产生温差电势。在线性范围内，输出信号与太阳辐照度成正比。为了减小温度的影响，该表配有温度补偿线路；为了防止环境对其性能的影响，该表用了两层石英玻璃罩，该罩是经过精密的光学冷加工磨制而成的。该表用来测量光谱范围为 $0.3 \sim 3\mu m$ 的太阳总辐射，也可用来测量入射到斜面上的太阳辐射。如果感应面向下，则可测量反射辐射；如果加遮光环，则可测量散射辐射。

四、实验步骤

（1）将辐射表安装在四周空旷、感应面以上没有任何障碍物的地方。
（2）将辐射表电缆插头正对北方，调整好水平位置，将其牢牢固定。
（3）将总辐射表输出电缆与记录器相连接。
（4）记录数据。

五、注意事项

（1）玻璃罩应保持清洁，要经常用软布或毛皮擦拭。
（2）玻璃罩不可拆卸或松动，以免影响测量精度。
（3）应定期更换干燥剂，以防罩内结水。

六、思考题

（1）太阳辐射能的来源及特点是什么？
（2）请总结大气保温效应的形成原因。

实验二　太阳能电池基本特性的测定

太阳能电池是一种由于光生伏特效应而将太阳光能直接转化为电能的器件，是一个半导体光电二极管。当太阳光照到光电二极管上时，光电二极管就会把太阳的光能变成电能，产生电流。当许多个电池串联或并联起来就可以成为有比较大的输出功率的太阳能电池方阵了。太阳能电池是一种大有前途的新型电源，具有永久性、清洁性和灵活性三大优点。太阳能电池寿命长，只要太阳存在，太阳能电池就可以长期使用；与火力发电、核能发电相比，太阳能电池不会引起环境污染。

太阳能电池根据所用材料的不同，可分为硅太阳能电池、多元化合物薄膜太阳能电池、聚合物多层修饰电极型太阳能电池、纳米晶太阳能电池四大类，其中，硅太阳能电池是目前发展最成熟的，在应用中居主导地位。

硅太阳能电池分为单晶硅太阳能电池、多晶硅薄膜太阳能电池和非晶硅薄膜太阳能电池三种。

单晶硅太阳能电池的转换效率最高，技术也最为成熟。在实验室里，最高的转换效率为23%，规模生产时的效率为15%。单晶硅太阳能电池在大规模应用和工业生产中仍占据主导地位，但由于单晶硅成本价格高，大幅度降低其成本很困难。为了节省硅材料，多晶硅薄膜和非晶硅薄膜可作为单晶硅太阳能电池的替代产品。

多晶硅薄膜太阳能电池与单晶硅比较，成本低廉，而效率高于非晶硅薄膜电池，其实验室最高转换效率为18%，工业规模生产的转换效率为10%。因此，多晶硅薄膜电池不久将会在太阳能电池市场上占据主导地位。

非晶硅薄膜太阳能电池成本低、重量轻、转换效率较高，便于大规模生产，有极大的潜力。但受制于其材料引发的光电效率衰退效应，稳定性不高，直接影响了它的实际应用。

太阳能的利用和太阳能电池的特性研究是21世纪的热门课题，许多发达国家正投入大量人力、物力对太阳能接收器进行研究。我们开设了太阳能电池的特性研究实验，通过实验了解太阳能电池的电学性质和光学性质，并对两种性质进行测量。该实验作为一个综合设计性的物理实验，联系科技开发实际，有一定的新颖性和实用价值。

一、实验目的

（1）无光照时，测量太阳能电池的伏安特性曲线。

（2）有光照时，测量电池在不同负载电阻下，I 对 U 的变化关系，画出 $I - U$ 曲线图，并测量太阳能电池的短路电流 I_{SC}、开路电压 U_{OC}、最大输出功率 $P_{\max}$ 及填充因子 FF。

（3）测量太阳能电池的短路电流 I_{SC}、开路电压 U_{OC} 与光照度 L 的关系，求出它们的近似函数关系。

二、实验仪器

实验仪器：白炽灯源、太阳能电池板、光照度计、电压表、电流表、滑线变阻器、稳压电源、单刀开关、连接导线若干。

三、实验原理

太阳光照在半导体 P–N 结上，形成新的电子 – 空穴对。在 P–N 结电场的作用下，空穴由 N 区流向 P 区，电子由 P 区流向 N 区，接通电路后就形成电流。这就是光伏效应太阳能电池的工作原理。

在没有光照时，可将太阳能电池视为一个二极管，其正向偏压 U 与通过的电流 I 的关系为

$$I = I_0 \left(e^{\frac{qU}{nKT}} - 1 \right) \tag{1}$$

其中，I_0 是二极管的反向饱和电流；n 是理想二极管参数，理论值为 1；K 是玻尔兹曼常量；q 为电子的电荷量；T 为热力学温度（可令 $\beta = \dfrac{q}{nKT}$）。

由半导体理论可知，二极管主要由如图 3-2-1 所示的能隙为 $E_C - E_v$ 的半导体所构成。E_C 为半导体导电带，E_v 为半导体价电带。当入射光子能量大于能隙时，光子被半导体吸收，并产生电子 – 空穴对。电子 – 空穴对受到二极管内电场的影响而产生光生电动势，这一现象称为光伏效应。

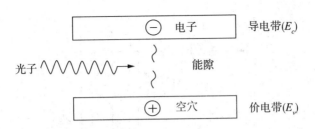

图 3-2-1 光伏效应示意图

太阳能电池的基本技术参数除短路电流I_{SC}和开路电压U_{OC}外，还有最大输出功率P_{max}和填充因子FF。最大输出功率P_{max}也就是IU的最大值。填充因子FF定义为$FF = P_{max} \big/ I_{SC}U_{OC}$，$FF$是代表太阳能电池性能优劣的一个重要参数。$FF$值越大，说明太阳能电池对光的利用率越高。

四、实验内容及步骤

（1）在没有光源（全黑）的条件下，测量单晶硅太阳能电池正向偏压时的$I-U$特性（直流偏压在0～3.0V）。

①连接电路图（图3-2-2）。

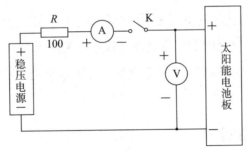

图 3-2-2 $I-U$特性测量电路

②正向偏压时，利用测得的$I-U$关系数据，画出$I-U$曲线并求出常数$\beta = \dfrac{q}{nKT}$和I_0的值。

（2）在不加偏压时，用白色光照射，测量多晶硅太阳能电池的一些特性。注意：此时光源到太阳能电池的距离保持为20cm（图3-2-3）。

①连接电路图。

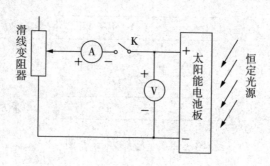

图 3-2-3   恒定光源太阳能电池特性实验

②测量电池在不同负载电阻下，I 对 U 的变化关系，画出 $I-U$ 曲线图。

③求短路电流 I_{SC} 和开路电压 U_{OC}。

④求太阳能电池的最大输出功率及最大输出功率时负载电阻。

⑤计算填充因子 $FF = P_{max} \Big/ I_{SC}U_{OC}$。

（3）测量太阳能电池的光电效应与电光性质

改变太阳能电池到光源的距离，用光照度计测量该处的光照度 L，测量太阳能电池接受不同光照度 L 时，相应的 I_{SC} 和 U_{OC} 的值。

设计测量电路图，并连接。

测量太阳能电池接收到不同光照度 L 时相应的 I_{SC} 和 U_{OC} 的值。

描绘 I_{SC} 与光照度 L 之间的关系曲线，求 I_{SC} 与光照度 L 之间的近似关系函数。

描绘 U_{OC} 与光照度 L 之间的关系曲线，求 U_{OC} 与光照度 L 之间的近似关系函数。

五、数据记录及处理

（1）全暗情况下（太阳能电池板倒扣在黑橡胶桌面上），测量太阳能电池在外加偏压时的伏安特性。

连接电路如图 3-2-2 所示，结果填入表 3-2-1。

表3-2-1   太阳能电池正向偏压时的 $I-U$ 特性

U(V)	4	5	6	7	8	9	10	11	12	13	14	15	16	17	18
I(mA)															

用坐标纸画出太阳能电池正向偏压时的$I-U$特性曲线（图3-2-4），并求出常数β和I_0的值。

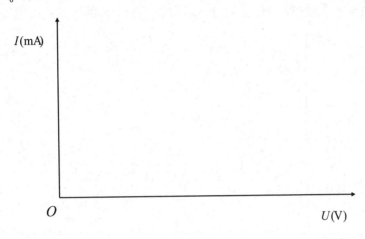

图 3-2-4　$I-U$曲线图

（2）在不加偏压时，把太阳能电池板倒扣在投影仪玻璃面上，紧贴投影仪玻璃面，测量不同负载时太阳能电池的输出电流与太阳能电池的输出电压的关系，并测量短路电流I_{SC}和开路电压U_{OC}，计算最大输出功率P_{max}和填充因子FF。连接电路图，如图3-2-2所示，结果填入表3-2-2。

表3-2-2　不同负载时太阳能电池的输出电流与太阳能电池的输出电压的关系

$R(\Omega)$	5	10	15	20	25	30	35	40	45	50
$U(V)$										
$I(mA)$										
$P(mW)$										
$R(\Omega)$	55	60	65	70	75	80	85	90	95	100
$U(V)$										
$I(mA)$										
$P(mW)$										

$I_{SC} = $ _____ $U_{OC} = $ _____

$P_{\max} = $ _____ $FF = $ _____

画出 R–P 曲线图（图 3-2-5），求出 $P_{\max}$ 和对应的太阳能电池 R。

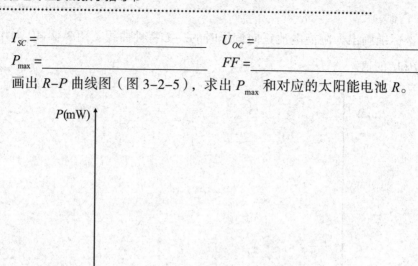

图 3-2-5 P–R 曲线图

（3）测量多晶硅太阳能电池板 I_{SC} 和 U_{OC} 与光照度 L 的关系（表 3-2-3、图 3-2-6 和图 3-2-7）。

表3-2-3 太阳能电池板的 I_{SC} 和 U_{OC} 与光照度 L 的关系
L_O=(lux)（照度计紧贴投影仪玻璃面）

h (lux)	0	5	10	15	20	25	30	35
L (lux)								
I_{SC} (mA)								
U_{OC} (V)								

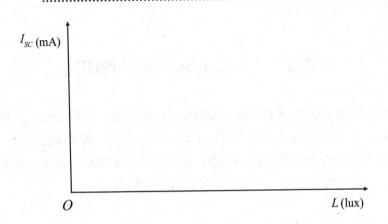

图 3-2-6 *I-L* 曲线图

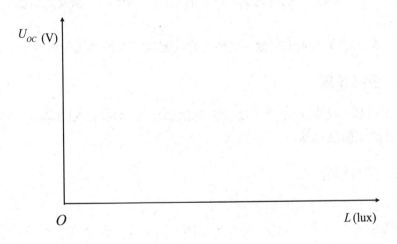

图 3-2-7 *U-L* 曲线图

（4）把多晶硅太阳能电池板换成单晶硅太阳能电池板，重复（3）。

六、注意事项

（1）连接电路时，保持太阳能电池无光照条件。

（2）连接电路时，保持电源开关断开。

（3）打开白炽灯的光源时间尽量要短，注意随时关掉。

实验三　太阳电池 *I-U* 特性测试

　　硅基太阳能电池的基本特性有太阳能电池的极性、太阳能电池的性能参数和太阳能电池的伏安特性。*I-U* 特性曲线既反映电池的基本性能参数，又能体现太阳电池光电转换效率、稳定性和寿命等。掌握采用稳态模拟太阳光源的太阳电池 *I-U* 特性测试方法，有助于太阳能电池性能研究。

一、实验目的

　　（1）了解硅基太阳能电池 *I-U* 特性曲线；无光照时，测量太阳能电池的伏安特性曲线。

　　（2）掌握硅基太阳能电池 *I-U* 特性曲线测试、电池性能分析方法。

二、实验仪器

　　实验仪器：太阳能电池 *I-U* 特性测试系统（SAN-EI XES-40S2-CE 型）、晶体硅标准太阳能电池。

三、实验原理

　　1.太阳能电池的工作原理

　　如图 3-3-1 所示，太阳光照在半导体 P-N 结上，形成新的电子－空穴对。在 P-N 结电场的作用下，空穴由 N 区流向 P 区，电子由 P 区流向 N 区，接通电路后就形成电流。

　　在没有光照时，可将太阳能电池视为一个二极管，其正向偏压 U 与通过的电流 I 的关系为

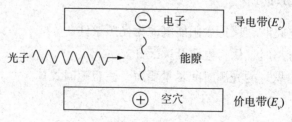

图 3-3-1　光伏效应示意图

$$I = I_0 \left(e^{\frac{qU}{nKT}} - 1 \right) \qquad (3-1)$$

其中，I_0 是二极管的反向饱和电流；n 是理想二极管参数，理论值为 1；K 是玻尔兹曼常量；q 为电子的电荷量；T 为热力学温度（可令 $\beta = \frac{q}{nKT}$）。

2. 太阳能电池的基本特性

太阳能电池的基本特性有太阳能电池的极性、太阳能电池的性能参数、太阳能电池的伏安特性三个基本特性。

（1）太阳能电池的极性

硅太阳能电池一般制成 P$^+$/N 型结构或 N$^+$/P 型结构。P$^+$ 和 N$^+$ 表示太阳能电池正面光照层半导体材料的导电类型；N 和 P 表示太阳能电池背面衬底半导体材料的导电类型。太阳能电池的电性能与制造电池所用半导体材料的特性有关。

（2）太阳能电池的性能参数

太阳能电池的性能参数由开路电压、短路电流、最大输出功率、填充因子、转换效率等组成。这些参数是衡量太阳能电池性能好坏的标志。

（3）太阳能电池的伏安特性

P-N 结太阳能电池包含一个形成于表面的浅 P-N 结、一个条状及指状的正面欧姆接触、一个涵盖整个背部表面的背面欧姆接触以及一层在正面的抗反射层。当电池暴露于太阳光谱时，能量小于禁带宽度 E_g 的光子对电池输出并无贡献，能量大于禁带宽度 E_g 的光子才会对电池输出贡献能量 E_g，小于 E_g 的能量则会以热的形式消耗掉。因此，在太阳能电池的设计和制造过程中，必须考虑这部分热量对电池稳定性、寿命等的影响。

3. 太阳能电池的性能参数测试

（1）太阳能电池的性能参数测量的条件。太阳能电池的性能测试主要包括 I-U 曲线测试和光谱响应曲线测试两部分。由于太阳能电池性能受到光照条件、电池温度等因素的影响，因此在进行太阳能电池性能测试时，必须首先统一标准的测试条件。国际上通用的地面太阳能电池标准测试条件如下所示。

①光谱分布：AM1.5；

②辐照度：1000W/cm^2；

③温度：25℃。

4.太阳电池 *I-U* 特性测试系统（SAN-EI XES-40S2-CE 型）介绍

（1）SAN-EI XES-40S2-CE 型测试系统如图 3-3-2 所示，由光源、电表和测试部分组成。主要性能指标及参数如下所示。

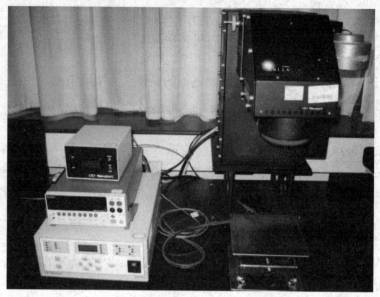

图 3-3-2　*I-U* 曲线测试系统图

光谱范围：300 ～ 1700 nm；

扫描间隔：≥ 1 nm 整数（可调）；

扫描方式：自动；

主光源：150 W 氙灯；

偏置光源：250 W 钨灯；

测量模式：交流模式测试、直流模式；

自动快门：2 路，控制一路偏置光和一路主光照射；

采集方式：交流模式为 SR830 数字锁相放大器，直流模式为 Keithley 2000 数字万用表；

性能指标：短路电流密度；

重复性：＜ 1%。

系统测试工作原理如图 3-3-3 所示。

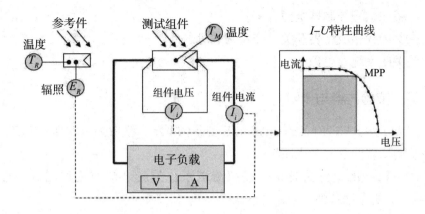

图 3-3-3 *I-U* 曲线系统测试工作原理图

4. 系统测试操作流程

（1）开机：

①开启斩波器电源开关；

②将氙灯光电源的电流调至最小后，开启电源开关；

③将偏置光源钨灯光电源的电流调至最小后，开启电源开关；

④开启电子定时器开关；

⑤开启单色仪开关；

⑥开启 Keithley 2000 数字万用表开关（直流测试时）；

⑦开启信号控制器电源开关；

⑧开启锁相放大器开关（交流测试时）；

⑨开启计算机开关，待光谱仪自检完成后，运行软件，按软件使用说明书要求操作。

（2）系统预热：

系统开启后须进行 30 min 左右的预热，然后方可开始测试。

（3）系统关闭：

①退出软件，关闭计算机、显示器电源；

②将氙灯光电源的电流调至最小后，关闭氙灯光电源；

③将钨灯光电源的电流调至最小后，关闭钨灯光电源；

④关闭斩波器开关；

⑤关闭电子定时器开关；

⑥关闭单色仪开关；

⑦关闭 Keithley 2000 数字万用表开关（直流测试时）；

⑧关闭信号控制器电源开关；

⑨关闭锁相放大器开关（交流测试时）；

⑩关闭系统总电源。

五、实验内容与步骤

（1）了解 SAN-EI XES-40S2-CE 型测试系统，学习测试软件安装流程（了解系统测试软件及安装程序）。

（2）以标准电池为样品，按照测试系统的测试操作流程测试；对照图 3-3-4，分析电池特性。

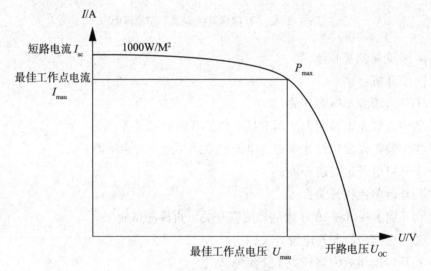

图 3-3-4　$I-U$ 特性曲线图

（3）分别测试单晶硅、多晶硅电池片特性。

（4）通过 $I-U$ 特性曲线图分析单晶硅、多晶硅电池片特性。

六、思考题

（1）什么是标准电池？如何进行太阳电池 $I-U$ 特性测试系统的定标？

（2）简述短路电流、开路电压、填充因子的含义，如何计算太阳能电池的理论效率值？

（3）如何选择太阳电池 $I-U$ 特性测试系统的光源？

实验四　太阳能电池量子效率测试

　　光照到太阳能电池表面时，其光电面表面的状态（粗糙面或光滑面）不同，光电子的逸出量也不同，由于反射和其他原因，得到的因大光子能量而逸出的电子一般较少（约有 1%～25%）。体现这一性能的物理量有太阳能电池的光谱响应和光电转化效率。

一、实验目的

（1）了解太阳能电池的量子效率；
（2）掌握太阳能电池的量子效率的测试及电池性能评价方法。

二、实验仪器

实验仪器：量子效率测试系统（海瑞克 HIK–IPCE5）。

三、实验原理

（一）光谱响应

　　（1）太阳电池的光谱响应是指不同波长的单色光照射太阳电池时，由于不同波长光子能量的不同和对不同波长的单色光的反射、透射、吸收系数的差异，以及由于复合和其他因素等造成太阳电池对光生载流子收集概率的不同，使太阳电池在辐照度条件相同的情况下，会产生不同的光生电流。这种电流与波长的光系就是光谱响应。

　　光谱响应反映太阳能电池对不同波长入射光能转换成电能的能力，或者说是光子产生电子 – 空穴对的能力。定量来说，太阳电能池的光谱响应就是当某一波长的光照射在电池表面上时，每一光子平均所能收集到的载流子数。

　　太阳电池的光谱响应分为绝对光谱响应和相对光谱响应。各种波长的单位辐射光能或对应的光子入射到太阳电池上，将产生不同的短路电流，按波长的分布求得其对应的短路电流变化曲线，这就是该太阳电池的绝对光谱响应。其意义为单位辐照下的短路电流密度。如果每一波长以一定等量的辐射光能或等光子数入射到太阳电池上，所产生的短路电流与其中最大短路电流比较，按波长的分布求得其比值的变化曲线，这就是该太阳电池的相对光谱响应。但是，无论是绝对还是相对光谱响应，光谱响应曲线峰值越高，越平坦，对应电池的短路电流密度就越大，效率也越高。

（2）光谱响应特性及其测量。由于光的颜色（波长）不同，转变为电的比例也不同，这种特性称为光谱响应特性。光谱响应特性的测量是用一定强度的单色光照射太阳电池，测量此时电池的短路电流，然后依次改变单色光的波长，再重复测量，以得到在各个波长下的短路电流，即反映了电池的光谱响应特性。

在实际测试过程中，实验者通常测量太阳电池的相对光谱响应。将以不同波长的单色光照射到太阳电池上产生的短路电流与光谱范围内最大的短路电流相比，也即将各波长的短路电流以最大短路电流作基准进行归一化，按波长的分布求得的比值变化曲线即为该太阳电池的相对光谱响应。

（3）光谱响应特性与太阳能电池的应用。各种波长的单位辐照光能或相应的光子入射到太阳电池表面，由于不同太阳电池工艺的影响，太阳电池内部参数会变化，所以不同太阳电池将产生不同的短路电流，将不同波段的短路电流与光谱辐照度相比，也即单位辐照度所产生的短路电流按波长分布的曲线，就是该太阳能电池的绝对光谱响应曲线。从太阳能电池的应用角度来说，太阳电池的光谱响应特性与光源的辐射光谱特性相匹配是非常重要的，这样可以更充分地利用光能和提高太阳电池的光电转换效率。

（二）量子效率（*IPCE*）

（1）量子效率是指太阳能电池的光生载流子数目与照射在太阳能电池表面单色光子数目的比率。太阳能电池的光谱响应性能通过单色入射光子－电流转换效率谱来描述。*IPCE* 与光的波长或能量有关，因此 *IPCE* 谱一般是效率随波长变化的谱线。即，*IPCE* 与太阳能电池对照射在太阳能电池表面的各个波长的单色光的响应有关。对于一定波长的光子，如果太阳能电池完全吸收了所有的光子，且外电路搜集到由此产生的少数载流子，那么太阳能电池在此波长的 *IPCE* 为 1。理想中的太阳能电池的 *IPCE* 是一个正方形，也就是说，对于测试的全谱范围内，太阳能电池的 *IPCE* 是一个常数。而实际情况下，绝大多数太阳能电池的 *IPCE* 会因为光生载流子复合效应而降低，被复合的载流子不能流到外电路中。

太阳能电池量子效率，有时也叫太阳能电池光电转换效率，分外量子效率（*EQE*）和内量子效率（*IQE*）。外量子效率是太阳能电池的电荷载流子数与外部入射到太阳能电池表面的一定能量的光子数之比。内量子效率是太阳能电池的电荷载流子数与外部入射到太阳能电池表面的没有被太阳能电池反射回去的，没有透射过太阳能电池的，一定能量的光子数目之比。

通常，内量子效率大于外量子效率。内量子效率低则表明太阳能电池的活性层对光子的利用率低。外量子效率低也表明太阳能电池的活性层对光子的利用率低，但也可能表明光的反射、透射比较多。

为了测试太阳能电池内量子效率，首先得测试太阳能电池的外量子效率，其次测试太阳能电池的透射和反射，并综合运用这些测试数据，得出内量子效率。

（2）量子效率的测试。用波长可调的单色光照射太阳能电池，同时测量太阳能电池在不同波长的单色光照射下产生的短路电流，太阳能电池的 *IPCE* 由此得到。

通常，太阳能电池 *IPCE* 的测试需要具备宽带光源、单色仪、信号放大模块、光强校准装置、数据采集处理模块等硬件条件。

实际测量时，根据获得单色光子方法的不同，*IPCE* 测量方法可以分为直流法和交流法。

在直流法中，白光通过单色器得到单色光并照射到电池上，然后记录其光电流。在直流法中，测得的光电流比全谱光照下的光电流低 2 ～ 3 个数量级，这种方法只适用于光电流随光强线性增加的情况，如染料敏化太阳能电池。

在交流法中，以白光照射电池，单色光通过机械斩波的方式得到。测试光电流时，实验者需要使用锁相放大器对不同波长下的光电流进行测试。交流法以白光为光源，直接照射电池，这非常接近于电池的实际工作条件。

通过测试得到的 *IPCE* 谱，可以很方便地得到短路电流：

$$J_{SC} = \int IPCE(\lambda) e\phi_{ph,AM1.5G}(\lambda)\mathrm{d}\lambda$$

式中，$\phi_{ph,AM1.5G}$ 为 AM1.5、1000 W / m² 光照条件下的光子通量。

（3）测试结果分析。图 3-4-1 是入射到电池表面的光被反射或折射后的光强与入射光波长的变化关系，反映了入射光在电池表面的反射、吸收的光谱区域以及响应的光谱范围。

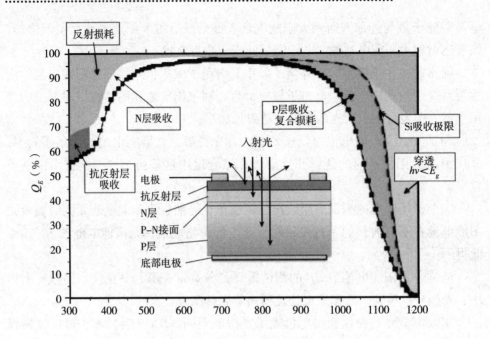

图 3-4-1　太阳能电池量子效率测试图

（三）量子效率测试系统

如图 3-4-2 所示，量子效率测试系统由主机部分（光源）和控制部分组成。

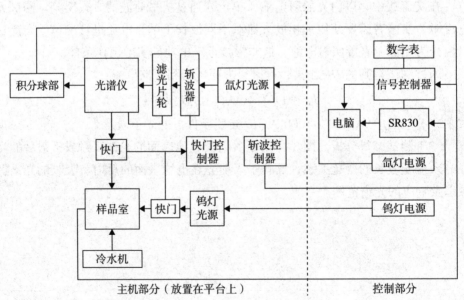

图 3-4-2　量子效率测试系统示意图

1.主光源

采用氙灯模拟太阳光，其连续光谱范围宽，可覆盖紫外、可见和近红外，色温接近太阳光。

2.滤光片

滤光片是用来选取所需辐射波段的光学器件。通常，多极光谱的衍射现象，是具有公倍数波长的光谱同时从单色仪的狭缝里出来，引起单色光的纯度下降。例如，当单色仪处 600 nm 时，600 nm 的 1 级光谱、300 nm 的 2 级光谱和 200 nm 的 3 级光谱都会从狭缝里出来，而此时只有 600 nm 的 1 级光谱才是我们需要的。为了去除 2 级、3 级乃至多级光谱，实验者通常采用长波通滤光片来滤掉短波长的辐射。

3.三光栅扫描单色仪

该系统采用单色仪，可有效消除杂散光，使单色光的单色性更好。单色仪采用非对称式水平光路，通过改变出射光轴的离轴角度来达到消除慧差的目的，使谱线更加对称，波形更加完美，同时也有利于提高分辨率。仪器光路还充分消除了二次色散，降低杂散光，以避免在短波处混有长波辐射。

4.冷却水循环机

冷却水循环机先通过压缩机进行制冷，再与水进行热交换，使水的温度降低，通过循环泵送出。冷却水循环机具备恒温、冷却、循环的三种功能。

5.信号控制器

信号控制器主要用于电动平移台的定位和测试信号的切换。交流输出：交流信号输出端，用于接交流测量仪器，如锁相放大器等；直流输出：直流信号输出端，用于接直流测量仪器，如数字万用表等。

6.快门与快门控制器（电子定时器）

精密电子定时器及快门采用了大规模集成电路，以数码管显示。555 集成电路作为时钟电路，以提高时间的精度稳定性和工作可靠性。测量时，拨码盘可以方便、准确地设置定时时间，还设有 B 门（按下触发按钮"开"，松开触发按钮"关"）和 T 门（按一下触发按钮"开"，再按一下触发按钮"关"）工作方式，并可同时带动两个快门工作。

7.斩波器

斩波器把连续光源发出的光调制成具有一定频率的光信号，便于光电转换后进行选频放大（相关检测）。斩波器除了能对被测光进行调制外，同时输出与调制频率同步的参考信号，并提供给锁相放大器，用于检测。

四、实验内容与步骤

（1）熟悉量子效率测试系统及其使用练习（对照海瑞克 HIK-IPCE5 使用说明书、操作流程），测试系统如图 3-4-3 所示。

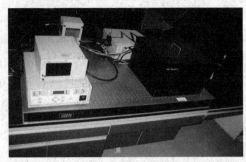

图 3-4-3　海瑞克 HIK-IPCE5 型量子效率测试系统实物图

试运行前的准备和检查：所有线是否连接正确；所有连线的连接头是否紧固连接；系统接地是否良好。

（2）太阳能电池的量子效率测试仪的操作步骤如下所示。

①开机。

a. 开启斩波器电源开关；

b. 将氙灯光电源的电流调至最小后，开启电源开关；

c. 将偏置光源钨灯光电源的电流调至最小后，开启电源开关；

d. 开启电子定时器开关；

e. 开启单色仪开关；

f. 开启 Keithley 2000 数字万用表开关（直流测试时）；

g. 开启信号控制器电源开关；

h. 开启锁相放大器开关（交流测试时）；

i. 开启计算机开关，待光谱仪自检完成后，运行软件，按软件使用说明书要求操作。

②测试。系统开启后须进行 30 min 左右的预热，然后方可开始测试，测试过程中参数设置、数据保存、导出等，按仪器使用说明操作。

③关机（注意：按顺序关闭系统中各设备）。

a. 退出软件，关闭计算机、显示器电源；

b. 将氙灯光电源的电流调至最小后，关闭氙灯光电源；

c. 将钨灯光电源的电流调至最小后，关闭钨灯光电源；

d. 关闭斩波器开关；

e. 关闭电子定时器开关；

f. 关闭单色仪开关；

g. 关闭 Keithley 2000 数字万用表开关（直流测试时）；

h. 关闭信号控制器电源开关；

i. 关闭锁相放大器开关（交流测试时）；

j. 关闭系统总电源。

④数据分析。如图 3-4-4 所示（测试资料参考图），做出不同电池光谱响应数据归一化图。

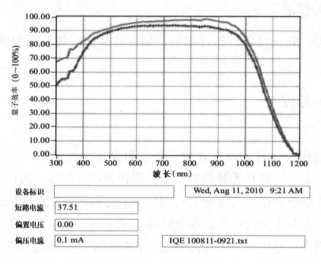

图 3-4-4　不同电池光谱响应数据归一化图

a. 分析电池对入射光的反射、折射特性。

b. 分析电池对入射光响应的波长范围。

c. 记录测试电池短路电流。

d. 比较不同电池的量子效率。

五、思考题

（1）简述晶体硅太阳能电池的光谱响应特性。

（2）简述绝对光谱响应与相对光谱响应的关系。

（3）简述斩波器的工作原理。

（4）如何理解太阳能电池量子效率与光电转换效率。

实验五　晶体硅太阳能电池热斑、隐裂检测

一、实验目的

（1）了解热斑、隐裂形成的原因及影响。

（2）掌握热斑、隐裂的检测方法。

二、实验仪器

实验仪器：热成像仪、红外相机、晶体硅光伏组件、ZC2109 场致效应实验仪。

三、实验原理

1.热斑效应

太阳电池组件通常安装在地域开阔、阳光充足的地带，在长期使用中难免落上飞鸟、尘土、落叶等遮挡物。这些遮挡物在太阳电池组件上就形成了阴影。在大型太阳电池组件方阵中，行间距不适合也能互相形成阴影。由于局部阴影的存在，太阳电池组件中某些电池单片的电流、电压发生了变化。其结果使太阳电池组件局部电流与电压之积增大，从而在这些电池组件上产生了局部温升。太阳电池组件中，某些电池单片本身的缺陷也可能使组件在工作时局部发热，这种现象叫"热斑效应"。

在实际使用太阳电池中，若热斑效应产生的温度超过了一定极限，将会使电池组件上的焊点熔化并毁坏栅线，从而导致整个太阳电池组件的报废。据权威统计，热斑效应使太阳电池组件的实际使用寿命至少减少 10%。

热斑现象是不可避免的，尽管太阳电池组件安装时都要考虑阴影的影响，并加配保护装置，以减少热斑的影响。为表明太阳电池能够在规定的条件下长期使用，需通过合理的时间和过程对太阳电池组件进行检测，确定其承受热斑加热效应的能力。

2.隐裂

隐裂是晶体硅光伏组件的一种较为常见的缺陷，通俗来讲，就是一些肉眼不可见的细微破裂。晶硅组件由于其自身晶体结构的特性，十分容易发生破裂。在晶体硅组件生产的工艺流程中，许多环节都有可能造成电池片隐裂。隐裂产生的根本原因，可归纳为硅片上产生了机械应力或热应力。现在为了降低成本，晶硅电池片向越来越薄的方向发展，降低了电池片防止机械破坏的能力，更容易产生隐裂。电池片产生的电流主要靠表面相互垂直的主栅线和细栅线收集和导出。因此，当隐裂导致细栅线断裂时，电流将无法被有效输送至主栅线，从而导致电池片部分乃至整片失效，还可能造成碎片、热斑等，同时引起组件的功率衰减。

硅材料的脆度较大，因此在电池生产过程中，很容易产生裂片。裂片分为两种，一种是显裂，另一种是隐裂。前者是肉眼可直接观察到的，但后者则不行。后者在组件的制作过程中更容易产生碎片等问题，影响产能。所以需要用专门的仪器测量。通过 EL 图就可以观测到，如图 3-5-1 所示，由于（100）面的单晶硅片的解理面是（111），因此，单晶电池的隐裂是一般沿着硅片的对角线方向的"X"状图形。

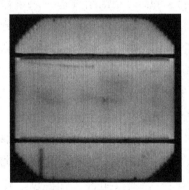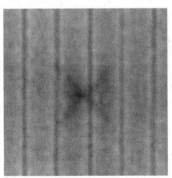

图 3-5-1 单晶硅电池的隐裂 EL 图及区域放大图

但是多晶硅片存在晶界影响，有时很难区分其是否隐裂，如图 3-5-2 所示的圆圈区域。这需要我们仔细分析和分辨，给那些具有自动分选功能的工业生产线上的 EL 测试仪带来了不小的困难，必要时也需要人工分析。

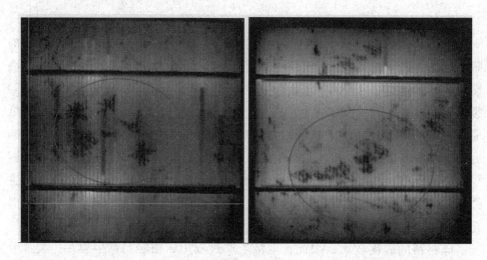

图 3-5-2 多晶片的 EL 图

四、实验内容及步骤

（一）热斑的检测

在一定的辐照度下，用热成像仪对运行中的光伏组件进行热斑检测，检测前尽量保证光伏组件表面无脏污及异物遮挡，同时还要注意不能用身体及检测仪遮挡光伏组件，检测仪器距离光伏组件不能太近，避免仪器捕捉到组件发射的太阳光点而造成误判。热斑检测最好在春末、夏季、秋初的上午 11 时至下午 4 时之间的时间段内进行，由于区域原因而导致辐照度、环境温度等的不同，热斑检测的最佳时间段也会相应不同。

一般情况下认为：光伏组件在正常工作时的温度为 30℃时，局部温度高于周边温度 6.5℃时，可认为组件局部为热斑区域。不过这也不是绝对的，因为热斑检测会受到辐照度、组件输出功率、环境温度及组件工作温度、热斑形成原因等因素的影响，因而判断热斑效应最好是以热成像仪图像上的数据分析为准。

（二）隐裂的检测

电致发光是简单有效的检测隐裂的方法，其检测原理如下。

在太阳电池中，少子的扩散长度远远大于势垒宽度，因此电子和空穴通过势垒区时因复合而消失的概率很小，继续向扩散区扩散。在正向偏压下，P-N 结势垒区和扩散区被注入了少数载流子。这些非平衡少数载流子不断与多数载流子复合而发光，这就是太阳电池场致发光的基本原理。

当被施加正向偏压之后，晶体硅电池就会发光，波长在 1100nm 左右，属于红外波段，肉眼观测不到。因此，在进行电致发光测试时，需利用红外相机辅助捕捉这些光子，然后通过计算机处理后以图像的形式显示出来。给晶硅组件施加电压后，所激发出的电子和空穴复合的数量越多，其发射出的光子也就越多，所测得的电致发光图像也就越亮。如果有的区域电致发光图像比较暗，则说明该处产生的电子和空穴数量较少，代表该处存在缺陷；如果有的区域完全是暗的，则代表该处没有发生电子和空穴的复合，也或者是所发的光被其他障碍遮挡，无法检测到信号。

（三）操作步骤

（1）打开电源开关，开启电脑，接通气源，检查气压表的气压是否达到0.4MP（设备一般要求气压不低于0.4MP，工作气压在 0.4 ～ 0.5MP 之间），电压 220V 是否稳定。

（2）先打开测试软件，再打开基本参数，调整为合适参数：将相机冷却功能打开，曝光时间一般设置为5s，亮度一般设置为22，对比度一般设置为1.8，增益一般设置为0.8，伽马设置为1，再按确定。

（3）打开测试箱体门盖，点击上升按钮，将测试区上的电极上升，然后开启恒流稳压电源，将恒流稳压电源的电流及电压调整到合适的大小，一开始可以设小一点，避免电流过大。一般检测样品的工作电压，电流为电池片电流的1.2 ～ 1.5 倍。

（4）在测试区安装适合测试电池片的定位装置（如 126*126 或 156*156 电池片）。

（5）将待测样品的电池片放置到测试定位区。

（6）合上门盖，点击按钮下降，上电极下降。

（7）点击"拍照"按钮或者 F5，开始检测。传出图片，重复以上步骤。

（8）分析图片，保存结果或输出测试报告。

（9）测试结束关机，首先点击上升按钮，将恒流稳压电源的电压、电流旋钮调至 0 位，关闭恒流稳压电源；其次打开测试箱体门盖，取出电池片，关闭门盖，关闭 EL 测试软件，关闭电脑；最后关闭电源和气源。

（10）测试结束。

五、思考题

（1）简述热斑效应的形成原因及影响。

（2）如何看待隐裂对光伏组件的影响？

实验六　太阳电池光电压谱测试

　　表面科学研究是材料科学研究中一个很重要的部分，尤其是现代材料中的微型材料、超薄材料、薄膜材料、材料的表面处理，等等。光电子能谱实验方法是研究表面科学的一种有效方法，通过光电子能谱，可以了解材料的组分及其含量、分析薄膜的厚度，等等。通过本实验，学生可以了解 X 光电子能谱（XPS）的测量原理、仪器工作的结构及应用，并能够初步掌握 XPS 实验方法及其图谱的分析。

一、实验原理

　　一定能量的电子、X 光、紫外（UV）光等入射到样品上，将样品表面原子中的不同能级的电子激发成自由电子。这些电子带有样品表面的信息，具有特征能量。收集这些电子形成的能谱叫电子能谱，研究这类电子的能量分布即为电子能谱分析，其中，自由电子是由光子激发而产生的，因此称为光电子能谱，常用的有 X 光电子能谱（XPS）和紫外光电子能谱（UPS）。以收集到的光电子的强度为纵坐标，以结合能或者是光电子的动能为横坐标而形成的谱图称为光电子能谱图。

　　光子照射到样品上，样品吸收一定能量的光子，电子发生跃迁，能量比较高的电子脱离样品表面的物理过程称为光电效应。爱因斯坦最先对此进行了解释，并提出了光电效应方程。简单表示这个过程：

$$hv + M \longrightarrow M + e(E_k) \tag{1}$$

其中，hv 为光子能量，M 为样品，e 为电子的电荷量，E_k 为光电子动能。

　　图 3-6-1 中，固体存在费米能级，费米能级与自由电子能级之差为固体功函数。电子从一个原子能级跃迁到自由电子能级所需的能量为结合能。

　　根据图 3-6-1，不难写出光电过程的能量关系，即 Einstein 关系：

$$E_k + E_b = hv（未考虑功函数） \tag{2}$$

对于固体，必须引入功函数的修正：

$$E_b = hv - E_k - E_\Phi \tag{3}$$

其中，E_b 为结合能，E_Φ 为固体功函数。

　　这样，对于样品为固体的实验，仪器与样品都将有功函数，从而有下列关系：

$$E_b = hv - Ek - E\Phi（样品）$$
$$= hv - E_k - E_\phi（仪器）\tag{4}$$

原子能级的结合能 E_b 对于某种原子来说是特征的，因此可以通过测定的结合能来标识原子和能级。

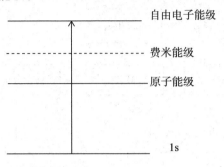

图 3-6-1　光电发射示意图

在谱图上，结合能可能产生位移。引起结合能产生位移的原因有两个：一种是物理位移，一种是化学位移。

物理位移：由物理因素引起的结合能位移为物理位移，如相变、固体热效应、荷电效应等。这种物理位移在谱图上对每种元素表现的行为是一致的。如果发现某种元素的结合能向结合能高的地方移动，那么所有的元素的结合能都应该会向结合能高的位置移动，反过来，就可以通过结合能是否都向同一方向移动来判断结合能位移是否为物理位移。

化学位移：由于原子处于不同的化学环境而引起的结合能的位移为化学位移。比如，如果一个原子失去电子，那么它的结合能就将增加，结合能就会向高的方向移动，而且我们还可以通过位移量的多少来判断这个原子是失去了几个电子，即可以通过这种方式来判断元素的化合价。

原子的俄歇峰不可避免地会在光电子能谱图上出现。在原子跃迁过程中，外层电子向内层跃迁，一种是以光子的形式放出能量，一种就是激发另一电子，使其成为自由电子，这就是俄歇电子，因此在光电子能谱图上会出现原子的俄歇峰，现在，对俄歇电子的研究已经发展成了俄歇电子能谱（AES）学。那么，在光电子能谱图上怎样区分一个峰是否为俄歇峰，是我们进行实验分析的又一关键。实验中，我们通过改变光源来观察谱峰是否会发生移动，用于区分一个峰是否为俄歇峰。因为结合能是原子固有的，它不会因光源的改变而改变，但变换光源，俄歇峰就会发生移动。关于俄歇过程，这里就不再详述了。

XPS 仪器装置：

实验室中的 XPS 仪器主要分为三个部分：进样室、处理室、分析测试室。在处理室，实验者可以用氩离子对样品表面进行清洗。XPS 仪器装置方框图如图 3-6-2 所示。

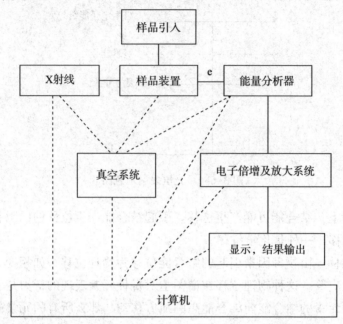

图 3-6-2　XPS 仪器方框图

本实验中，放好样品后其余的操作和设置都能在计算机上进行，大大方便了实验的进行，以及最大限度地缩短了实验时间。结合目前国际上通用的 XPS 能谱元素分析表，我们可以很快地在获得的光电子能谱图上标识元素、确定元素的化合价等。

二、实验过程

（1）放置样品。做本实验时已经预先放好了样品，因为抽超高真空需要比较长的时间，所以考虑到时间的关系就将此步省略了。

（2）在计算机上进行实验参数等的设置，包括仪器功函数、X 射线的选取（本次实验用的是 AlKα 线）等。

①进行宽程扫描。下面进行谱图元素标识。

首先找到谱图上强度最高的那个峰，通过查表得知此峰为 O1s5/2，从而确认样品内有 O 元素，然后对应表中 O 元素的其余能量，找出 O 元素的其余各峰，直到找完表中 O 的所有峰为止，包括俄歇峰。其次查看谱图中剩下的峰，按照前面找 O 元素的所有峰的方法标识各峰。

样品含有如下元素：Si、C、O。

②分析元素的化学态，对各元素最强的光电子峰 C1s、O1s、Si2p 附近进行窄程扫描，扫描 5 次后取平均值。利用 C1s 的谱峰对峰位进行校正，查表得到 C1s 的峰位 284.8eV，将图谱上的峰位 286.4eV 移动 1.6eV，对应到表上位置，所用的峰位均将同向移动 1.6eV。

根据 Center 数据，查表得到样品元素的化学态，此样品为 Si，有少量的 SiO_2，是表面的 Si 氧化所致。C 元素应该是污染元素，是空气中的 C 吸附到样品膜表面所致。一般来说，C 的吸附是不可避免的，所以在①步骤中找谱峰时可以很快地确定出 C 的谱峰。另外，C 虽然是污染元素，但是 C1s 可以用来校正峰位。

（3）完成实验，整理实验室（取出样品等）。

三、思考题

比较 XPS 和 AES 的原理特征和区分它们的分析方法。

答：XPS 是 X 光照到样品上，激发原子的电子，从而形成自由电子；AES 是电子束将原子低能级电子激发到较高能级，较高能级的电子向低能级跃迁，放出的能量激发其他能级上的电子，形成自由电子——俄歇电子。XPS 可进行元素标识、定量分析、化合态分析和薄膜厚度分析等；AES 电子束的光斑要比 XPS 小，可进行显微分析、元素定量分析、化学态分析和深度剖析。

在 XPS 实验中，怎样区分谱图上的光电子峰和俄歇峰？

答：通过改变 X 光源，观察谱峰是否移动，移动的为俄歇峰，不动的为光电子峰。

用 AlKα（$h\nu$=1486.6eV）和 MgKα（$h\nu$=1253.6eV）激发 Cu2p 的光电子的动能相同吗？ Cu2p 3/2 和 Cu2p 1/2 的结合能分别约为 933eV 和 953eV，请计算动能值。信号电子（动能大于 200eV）的非弹性散射平均自由程 λ 满足公式：$\lambda=0.1E_k/[a(\mathrm{Ln}E_k+b)]$（单位 nm），其中，$E_k$ 为逸出光电子的动能（以 eV 为单位），取常数 a=10，b=-2.3，定义逸出深度 d=3λ，请计算上述 Cu2p 光电子的逸出深度，并比较 Cu2p 信号的逸出深度。

答：由 $E_k+E_b=h\nu$ 可知，E_b 相同，而用 AlKα 和 MgKα 激发 Cu2p，因为 $h\nu$ 不同，所以动能不同。

AlKα 激发

对于 Cu2p 3/2：E_k=1486.6–933=553.6eV；λ=1.378；d=4.134

对于 Cu2p 1/2：E_k=1486.6–953=533.6eV；λ=1.341；d=4.023

MgKα 激发

对于 Cu2p 3/2：E_k=1253.6–933=320.6eV；λ=0.924；d=2.772

对于 Cu2p 1/2：E_k=1253.6–953=300.6eV；λ=0.883；d=2.649

可见，用 AlKα 激发信号的逸出深度比用 MgKα 激发信号的逸出深度大，而且，Cu2p 3/2 比 Cu2p 1/2 信号的逸出深度大。

为什么说 XPS 是一种表面分析方法？试再列出 2 种表面分析方法，并做比较。

答：一般常规 XPS 得到的光电子的能量小于 2000eV，在固体中的逃逸深度一般为 $3 \times 0.5nm \sim 3 \times 10nm$，因此 XPS 只能分析样品表层，所以说它是一种表面分析方法。

其他表面分析方法如下所示。

离子谱（SIMS）分析法：灵敏度很高，能够对全元素进行分析，而 XPS 不能分析 H、He 和同位素，但离子轰击对样品的破坏很大。

STM：灵敏度很高，与 XPS 相比，它能够得到样品的表面形貌、样品的 I-U 曲线等。

解释 XPS 中的化学位移，如何测定样品的化学位移？

答：XPS 中的化学位移是由于原子所处的化学环境的不同而引起的结合能的位移。因为结合能发生位移就会在 XPS 的谱图上表现出来，因此，可以通过测量结合能的位移量 ΔE_b 来测定样品的化学位移，宽程扫描后进行窄程扫描，峰位校正后查表求得 ΔE_b。

第四章　薄膜制备技术

随着国民经济的迅速发展、人民生活水平的不断提高，高科技薄膜产品不断涌现，尤其在电子材料、元器件工业及轻金属表面防护等领域，薄膜产品占据着极其重要的地位。

目前，用于制备薄膜的技术主要有表面喷涂、激光熔覆、电镀、阳极氧化、微弧氧化、真空蒸发、磁控溅射、PECVD、溶胶凝胶，等等。其中，真空蒸发、磁控溅射、PECVD、溶胶凝胶等因制备的薄膜具有优良的性能而得到众多研究者的青睐。因此，本章重点讲解利用真空蒸发法、磁控溅射法、PECVD法、溶胶 – 凝胶法等技术制备各类薄膜的原理、具体操作步骤及注意事项，为广大实验者提供参考。

实验一　真空蒸发法制备金属薄膜

真空蒸发法，又称真空蒸镀，该法已具有几十年的历史，因为制备方法简单，成膜纯度高，所以镀薄膜致密性好，膜结构与性能较为独特，因而被广泛应用于工业领域。本次实验以利用真空蒸发法制备铝膜为例，介绍真空蒸发镀膜的基本原理、操作步骤及注意事项。

一、实验目的

（1）了解真空蒸发镀膜的原理及方法。
（2）学会使用蒸发镀膜技术。
（3）测量制备铝膜的厚度和光学性能。
（4）掌握实验数据处理和分析方法，并能利用 Origin 软件绘制柱状图。

二、实验设备

实验设备：真空镀膜机（ZDF-5227B 真空计、TDZM-II 气体质量流量计、TZON 电源），基片，擦镜纸，测厚仪，紫外可见分光光度计。

三、实验原理

真空蒸发镀膜是将固体材料置于真空室内，在真空条件下，将固体材料加热蒸发，蒸发出来的原子或分子能自由地弥漫到容器的器壁上。当把一些加工好的基板材料放在其中时，蒸发出来的原子或分子就会吸附在基板上，逐渐形成一层薄膜，其原理示意图如图 4-1-1 所示。图 4-1-1 中，真空室为蒸发过程提供必要的真空环境，蒸发源或蒸发加热器用于放置蒸发材料并对其进行加热，基板用于接收蒸发物质并在其表面形成固态蒸发薄膜、基板加热器及测温器等。

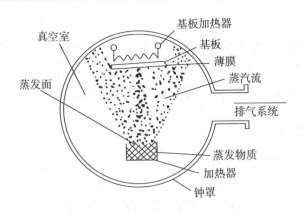

图 4-1-1　真空蒸发镀膜的原理示意图

四、实验内容与步骤

（一）准备过程

（1）动手操作前认真学习讲义及有关资料，熟悉镀膜机和有关仪器的结构及功能、操作程序与注意事项。

（2）清洗基片和铝丝。用碱水冲洗，并用无水乙醇脱水，最后用棉纱或棉纸包好，放在玻璃皿内备用。

（3）镀膜室的清理与准备。先向钟罩内充气一段时间，再升高钟罩，装好基片、电极钨丝和铝丝，清理镀膜室，降低钟罩。

（二）抽真空

（1）打开电源开关，打开"机械泵"开关，接通双热偶程控真空计。接通扩散泵冷水，高阀处于"关"的状态，低阀处于"抽系统"位置。如果系统真空度在 3Pa 以上，就将低阀切换到"抽钟罩"位置。

（2）将低阀置于"抽系统"位置，打开高阀，接通扩散泵开关，对扩散泵加热。监测钟罩内真空度，约 45min 后，当真空度超过 4×10^{-3}Pa 时，准备镀膜。

（三）镀膜

（1）当真空度达到 5×10^{-3}Pa 以上时打开"蒸发"开关，调节变压器，逐渐加大电流（小于 12A），使铝丝预熔（钟罩内真空度同时下降）。

（2）当钟罩内的真空度恢复到 5×10^{-3}Pa 以上时，再加大蒸发电流（20A），此时从观察窗中可以看到铝丝逐渐熔化并缩成液体小球，然后迅速蒸发，基片上便附着了一层铝膜。

（四）结束

调节变压器，使蒸发电流为0。关高阀，关扩散泵开关，低阀仍处于"抽系统"位置。过5min开"充气"，充气完毕后打开钟罩，取出镀件。清理镀膜室，扣下钟罩。60min后停机，关总电源，关闭扩散泵冷却水。

五、数据记录

（1）真空度对铝膜厚度和反射率的影响（表4-1-1）。

表4-1-1　真空度对铝膜厚度和反射率的影响

真空度 / Pa	0.01	0.10	1.00	2.00	5.00	7.50	10.00
厚度 / nm							
反射率							

（2）加热温度对铝膜厚度和反射率的影响（表4-1-2）。

表4-1-2　加热温度对铝膜厚度和反射率的影响

温度 /℃	50	100	150	200	250	300	350
厚度 / nm							
反射率							

六、注意事项

（1）实验过程必须在空气非常稀薄的真空环境下进行，否则，蒸发物原子或分子将与大量空气分子碰撞，使膜层受到严重污染。

（2）实验过程必须严格按照实验流程进行，否则难以形成连续的氧化物，甚至蒸发源被加热，致使氧化烧毁。

（3）处理实验数据时必须要准确无误。

七、思考题

（1）蒸发过程中的真空条件是什么？

（2）蒸发源的选取原则是什么？

（3）热蒸发镀膜的主要物理过程是什么？

（4）影响真空镀膜的质量和厚度的因素是什么？

实验二　磁控溅射法制备化合物薄膜

磁控溅射法是在磁控现象的基础上并结合其他的溅射方法逐步发展起来的一种镀膜技术。如今，其作为一种成熟有效的薄膜沉积方法，被普遍地应用于许多方面并已经取得了一定成果，特别是在光学薄膜、材料表面处理和装饰领域中深受学者的喜爱。因此，本实验以射频磁控溅射法制备氮化硅薄膜为例讲解制膜的基本原理、过程及步骤。

一、实验目的

（1）熟练掌握磁控溅射制备薄膜的原理和实验流程。

（2）制备出氮化硅薄膜。

（3）测量氮化硅薄膜的沉积速率、电学性能和光学性能。

（4）掌握实验数据处理和分析方法，并能利用 Origin 绘图软件对实验数据进行处理和分析。

二、实验仪器

实验仪器：磁控溅射镀膜机一套、万用电表一架、紫外可见分光光度计一台、玻璃基片、氮化硅靶等实验耗材。

三、实验原理

图 4-2-1 是磁控溅射仪的工程原理示意图，在磁控溅射设备下面放置的是一块能产生磁场的强力磁铁，在真空室内通入的是具有一定压力的作为等离子体放电载体的惰性气体氩气。在高压作用下，氩气产生辉光放电现象，此时电子在电场的作用下加速向衬底运动，在运动过程中会与氩原子产生碰撞高速运动的电子具有足够高的能量，在碰撞过程中使两者产生电离，电离出大量的 Ar^+ 和电子。Ar^+ 在电场的作用下轰击阴极靶材，使靶材溅射出呈中性的原子或分子发生溅射逸出，并在衬底上沉积成膜。

二次电子在飞向基体过程中受到洛伦兹力的影响，围绕着靶材表面做圆周运动，使其与氩原子发生再次碰撞的概率大大增加，因此这个过程能够电离出更多的轰击靶材的氩离子，这也是磁控溅射（比起其他镀膜方法）能够实现高速沉积的原因。另外真空室内的低气压不仅降低了薄膜被污染的概率，而且也减小了溅射离子的能量损失，从而更易于制备高纯度、高质量的薄膜。

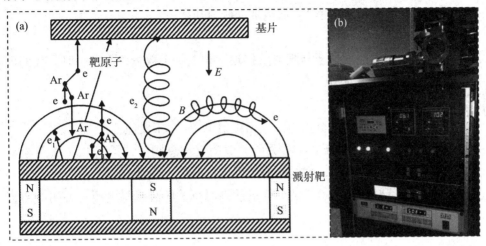

图 4-2-1　磁控溅射工作原理

四、实验内容与步骤

（一）抽真空

（1）打开供电电源，复合真空计。

（2）打开溅射室机械泵，打开 V_1 阀门（先开 1.5 圈，10s 后再开 7 圈），等待真空计上的溅射室压力显示 20Pa 时关闭 V_1。

（3）打开溅射室电磁阀，运行分子泵的同时打开 G_2 阀门，拧约 22 圈即到标记处，等待。

（4）分子泵转速正常后（27 000 转 / 分），打开电离真空计（电离按钮），待真空度显示 6.6×10^{-4}Pa 以下，关闭电离真空计。

（二）进气

（1）打开 V_3（拧两圈），打开流量计（Ⅱ 连接氩气），打开氩气瓶主阀，打开流量计上的进气阀门，拨动至清洗位置，3s 后拨动至阀控，往复 3 次。旋转流量计旋钮，进气流量调节 80（刻度显示 400）左右。

（2）关闭 G_2（阀门旋转约 20 圈），至溅射室压力增为 1.5Pa 左右。

（三）溅射

（1）打开溅射供电电源，打开靶材挡板。

（2）射频磁控溅射：按下射频电源 Uf on 按钮，等待 Ua off 亮，按下 on 按钮。先旋转功率粗调旋钮两档，然后匹配电源（调节 C1、C2，左指针指示反向功率，越小越好，左指针右指，趋于零；右指针指示正向功率，右指针左指，数值为所调的溅射功率），适当加大溅射功率。

（四）进样室取送样

将进样室和真空度抽至与溅射室接近（相差一个数量级左右）时，我们可打开进样室和溅射室的阀门。

（五）关机

（1）将溅射功率调小至关闭，关闭溅射电源，关闭挡板。

（2）关闭 V_3，调小流量计至关闭，关闭气体总阀门，关闭 G_2（关至松动为准，为清洗溅射室内部，溅射完成后可先打开 G_2，先抽 10 min 左右再关闭），关闭分子泵，待转速降为 0，显示待机状态时可关闭分子泵电源，关闭电离真空计、电磁阀、机械泵。

五、数据记录

（1）溅射气压对溅射速率、电阻及发射率的影响（表4-2-1）。

表4-2-1　溅射气压对溅射速率、电阻及发射率的影响

溅射气压 /Pa	0.01	0.05	0.1	0.5	1.0	1.5	2.0	2.5	5	7.5	10
溅射速率 / (nm/min)											
电阻 / Ω											
反射率											

（2）溅射功率对溅射速率、电阻及发射率的影响（表4-2-2）。

表4-2-2　溅射功率对溅射速率、电阻及发射率的影响

溅射功率 /W	200	250	300	350	400	450
溅射速率 / (nm/min)						
电阻 / Ω						
反射率						

六、注意事项

（1）机械泵、分子泵工作时，一定要通水冷却。

（2）在使用机械泵抽真空时，保证分子泵与电磁阀处于关闭状态，特别是真空室暴露大气后粗抽时，否则大气从分子泵排气口进入泵体，急剧加大负载，损坏泵体。

（3）打开机械泵抽大气时，旁抽阀要缓慢打开，且抽气时间不要过长，在10多帕时打开分子泵，否则容易造成油污染。

（4）溅射室暴露大气前一定要关紧闸板阀，以免损坏分子泵，同时要关紧气路截止阀，以免气路受污染。

（5）当上盖处于打开状态时，要时刻注意保护真空室上端的密封面。

（6）在取出或更换样品、靶材时，要注意真空室的清洁；同时要保证屏蔽罩与靶材之间的距离小于3mm。

（7）严禁闸板阀在一端是大气、另一端是真空的条件下打开闸板阀。

（8）突然停电时，所有电源要复位，过5～7min后，才能重新启动分子泵。

七、思考题

（1）在镀膜机使用过程中，你知道哪些注意事项？

（2）直流磁控溅射镀膜有哪些特点，有利于哪些薄膜材料的制备，而哪些材料不利于用直流磁控溅射制备？

实验三　PECVD 法制备化合物薄膜

等离子体激活的化学气相沉积法（PEVCD），是在一般的化学气相沉积（CVD）法基础上，开发的一种新型的化学气相沉积法，能显著降低薄膜沉积温度，并发现了新的激活反应方式，进而扩大了 CVD 的应用范围，日益得到了广泛使用。本实验以利用 PEVCD 在玻璃基片上沉积二氧化硅薄膜为例，阐述制膜基本原理、过程及步骤。

一、实验目的

（1）了解 PECVD 设备的构造，熟悉 PECVD 沉积薄膜的基本原理和流程。

（2）制备二氧化硅薄膜。

（3）观察二氧化硅薄膜的宏观质量和测量薄膜厚度。

（4）掌握实验数据处理和分析方法，并能利用 Origin 软件绘图折线图。

二、实验设备

实验设备：PECVD 设备、基片、测厚仪。

三、实验原理

PECVD 又称为等离子体增强化学气相沉积，是利用气体辉光放电的物理作用来激活粒子的化学气相反应，是集等离子体辉光放电与化学气相沉积于一体的薄膜沉积技术。PECVD 一般通过在两个平行电极之间施加一定频率的射频电源，在射频电源作用下，反应气体发生辉光放电现象。在气体辉光放电过程中，电子与气体分子剧烈碰撞，能量足以使气体分子电离成 SiH_x 基团和 Si、H 原子，这些基团与原子运动到衬底表面进行成膜生长。PECVD 与传统 CVD 相比最大的优点在于通过气体等离子体辉光放电使气体分解，可以有效降低硅薄膜的沉积温度。

四、实验内容与步骤

（1）对普通玻璃衬底进行超声清洗。目的是去除玻璃表面的杂质，以防止对沉积的硅薄膜造成污染。具体包括：

①用洗洁精溶液在 50℃ 水浴中超声清洗 5min；

②用去离子水将玻璃衬底冲洗洁净，然后放在 50℃ 水浴中超声清洗 5min，换水 4 次；

③取出后先用去离子水冲洗，再用高纯氮气吹干备用。

（2）将清洗好的衬底迅速装入 PECVD 腔室中的衬底盘上，并马上关闭 PECVD 腔室，开始抽真空，同时开始执行衬底加热程序。

（3）当腔室真空抽至 2×10^{-4}Pa 时，通入反应气体氧气，调节腔室与旋片分子泵之间的插板阀，使沉积气压达到设定值，然后打开射频电源，调节射频功率，使其至合适值。此时，反应气体开始发生等离子体辉光放电现象，开始沉积二氧化硅薄膜。

（4）薄膜沉积结束后先关闭射频源，再将反应气体截止阀关闭，然后将腔室与旋片分子泵之间的插板阀开至最大，抽高真空 10min，以抽掉腔室中残余的反应气体。

（5）抽真空结束后，关闭插板阀，关闭分子泵电源。待分子泵转速降至 0 后，关闭前级阀、机械泵。

（6）关机后，向腔室中充入空气，使其至大气压，打开腔室，取出样品，进行下一次实验。

五、数据记录

（1）真空度对二氧化硅薄膜宏观质量和厚度的影响（表 4-3-1）。

表4-3-1　真空度对二氧化硅薄膜宏观质量和厚度的影响

真空度 / Pa	0.5	1	1.5	2.0	2.5	3	4
宏观质量							
厚度 / nm							

（2）加热温度对二氧化硅薄膜宏观质量和厚度的影响（表 4-3-2）。

表4-3-2　加热温度对二氧化硅薄膜宏观质量和厚度的影响

温度/℃	50	100	150	200	250	300	350
宏观质量							
厚度/nm							

六、实验注意事项

（1）抽真空时注意不要因操作失误而打开腔室。

（2）实验过程中注意观察实验现象，一旦发生意外，及时切断电源。

（3）实验结束后不要着急离开，等电源都关闭后检查一遍再离开。

七、思考题

（1）实验中有哪些影响杂质？

（2）沉积薄膜时会有哪些污染杂质？

实验四　溶胶－凝胶法制备化合物薄膜

溶胶－凝胶法是溶液镀膜法中的一种，其制膜过程无须真空环境，制膜成本低，周期短，处理面积大，且制备的膜层相比阳极氧化、电镀等，具有膜层成分易控制、均匀性好等优点，在电子元器件、表面涂覆和装饰等方面得到了应用。本实验以制备 TiO_2 为例，讲解溶胶－凝胶法制备薄膜的基本原理、过程及注意事项。

一、实验目的

（1）了解溶胶－凝胶法制备薄膜的基本原理。
（2）掌握旋涂法制备薄膜的具体方法。
（3）测量薄膜的厚度和光学性能。
（4）掌握实验数据处理和分析方法，并能利用 Origin 软件绘制柱状图和折线图。

二、实验设备

实验仪器：电子天平、磁力搅拌器、甩胶机、净化操作台、快速退火处理设备、玻璃仪器、测厚仪、紫外可见分光光度计。

实验药品：醋酸钡、钛酸丁酯、冰乙酸、乙二醇甲醚、硅片等。

三、实验原理

溶胶－凝胶法的基本过程是一些易水解的金属化合物（金属醇盐或无机盐）在某种有机溶剂中与水发生作用的过程，首先通过水解缩聚反应形成凝胶膜，其次通过热分解，去除凝胶中残余的有机物和水分，最后通过热处理形成所需要的结晶膜。一般的工艺流程图如 4-4-1 所示。

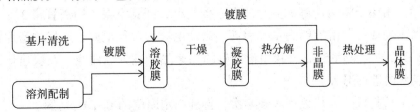

图 4-4-1　溶胶－凝胶法制备薄膜的工艺流程

溶胶形成凝胶的水解和缩聚反应如下：

$$M（OR）_n+xH_2O \longrightarrow M（OH）_xOR_{n-x}+xROH（水解反应）$$

$$—M—OH+OH—M \longrightarrow M—O—M—+H_2O（脱水缩聚反应）$$

$$—M—OH+RO—M \longrightarrow M—O—M+ROH（脱醇缩聚反应）$$

溶胶 – 凝胶技术由于各组分在溶液或溶胶中彻底混合，达到分子级接触，因而具有微区组分高度均匀，化学计量比较准确，易于掺杂及低温下获得高熔点化合物的优点。

四、实验内容及步骤

（一）配制溶液

（1）配制 10mL、0.3mol/L 的 $BaTiO_3$，前驱体溶液所需的醋酸钡和钛酸丁酯的用量经计算：醋酸钡 0.76g，钛酸丁酯 1.02g。

（2）在电子天平上铺称量纸，调零后称取醋酸钡 0.76g，将醋酸钡放入称量瓶中，放入磁子。

（3）用量筒量取 2mL 冰乙酸，加入放有醋酸钡的称量瓶，盖紧塞子后将称量瓶放在磁力搅拌器上，使醋酸钡充分溶解。

（4）将另一个称量瓶放在电子天平上，调零，称取 1.02g 钛酸丁酯，用量筒称取 4mL 乙二醇甲醚，调入装有钛酸丁酯的称量瓶内，将称量瓶放在磁力搅拌器上，使液体混合均匀。

（5）将钛酸丁酯溶液缓慢加入醋酸钡溶液，将称量瓶放在磁力搅拌器上，使液体混合均匀。在称量瓶中加入乙二醇甲醚，配制 10mL，将称量瓶放在磁力搅拌器上，使液体混合均匀，然后用玻璃漏斗过滤。

（6）测试所配溶液的 pH 值，测得的 pH 值为 6。

（二）甩胶法制膜

（1）将硅片用丙酮清洗，再用乙醇清洗。

（2）开净化操作台电源，开通风电源，开甩胶机电源，转速为 3000rpm，甩胶时间为 20s。

（3）用镊子将清洗好的硅片放在甩胶头上，开真空泵，用滴管将 2～3 滴溶液滴在基片上，溶液铺满基片表面，启动电源后进行甩胶，甩好的基片在热台（250℃）上烘烤 5min。利用设定好的快速热处理升温曲线，在快速热退火处理设备内进行退火。

（4）重复甩胶和热处理步骤两次，得到一定厚度的 $BaTiO_3$ 薄膜。

（5）在显微镜下观察薄膜的表面。

五、数据记录

（1）旋涂次数对薄膜厚度、反射率和折射率的影响（表4-4-1）。

表4-4-1 旋涂次数对薄膜厚度、反射率和折射率的影响

旋涂次数 / 次	1	2	3	4	5
厚度 / nm					
反射率					
折射率					

（2）旋涂时间对薄膜厚度和反射率的影响（表4-4-2）。

表4-4-2 旋涂时间对薄膜厚度和反射率的影响

时间 / min	1	5	10	15	20	25	30
厚度 / nm							
反射率							
折射率							

六、实验注意事项

（1）实验过程中用到了酸、碱溶液，实验结束后回收至指定地方。

（2）实验过程中用到的玻璃仪器要轻拿轻放，防止打碎。

（3）实验过程中的温度会很高，防止接触。

七、思考题

（1）前驱体溶液中，冰乙酸起什么作用，为什么控制溶液的pH值？

（2）溶液放置一段时间，黏度有什么变化？这一变化说明什么？

第五章　锂离子电池的制备

　　锂离子电池具有较大的充放电比容量、良好的循环寿命、安全、自放电率低等特点，随着科技的发展，其应用越来越广泛，特别是在移动电子设备、新能源汽车、大型电站上的应用。锂离子电池由正极、负极、电解液、隔膜等部分构成，其中，每一部分的性能都会对电池的整体性能产生重要影响。本章主要包括电极材料的制备、形貌及结构表征、电极片的制备、锂电池的组装及性能测试等内容，分别从材料的制备、表征及应用的角度出发，在学生掌握锂离子电池相关制备技术的同时，能够深刻理解有关材料在相关领域的制备及应用。

实验一 水热法制备 V_2O_5 纳米片电极材料

水热法是指将所要制备的目标材料的水溶液，放入密封的水热反应釜中，通过对反应釜加热，在水蒸气压力等作用下在釜体内部形成高温高压的环境，以获取常温常压下难以得到的材料。该法所制备的材料具有分散性好、形貌均匀等特点，可以简便地制备一些特殊形貌的材料且形貌可控。该方法所需仪器及反应条件简单，因此在材料的制备实验中得到广泛使用。

一、实验目的

（1）掌握水热合成材料的方法。

（2）理解溶液浓度、pH 酸碱度对材料形貌的影响原理。

二、实验原理

对反应釜进行加热的过程中，一般加热温度会高于溶剂的沸点，从而在密闭的釜体内形成蒸气压。釜体内的压强大小与高压釜内的填充度、温度有关，一般提高压强会提高成核速率，有利于粉体的产生，粉体粒径较小。

$$P=nRT/V+P$$

式中，P——T 温度时高压釜内的压强；

P——T 温度时水的饱和蒸气压；

V——高压釜内的气体体积。

可以看出在一定的水热温度下，压强的大小与反应器中溶剂的填充度有关。反应釜内的压强随填充度增大而升高。

V_2O_5 纳米片的形成过程可以分为两个阶段：第一阶段是成核阶段，第二阶段是生长阶段。具体的形成过程可以用下列反应式表示：

$$VO_3^-+2OH^- \longrightarrow V_2O_5+H_2O \tag{1}$$

$$NH_4^++OH^- \longrightarrow NH_3\uparrow+H_2O \tag{2}$$

在高温环境下，当 VO^{3-} 和 OH^- 的浓度超过某个临界值时，就会有大量的 V_2O_5 晶核形成，那么最终的晶体生长过程就开始了。

三、实验仪器和试剂

（1）仪器：磁力搅拌器、烧杯、水热合成反应釜、鼓风干燥箱。

（2）试剂：偏钒酸铵，去离子水，氢氧化钠（NaOH、分析纯），过氧化氢。

四、实验步骤

（一）溶液的配制

在 100mL 烧杯中加入 65mL 去离子水，开始搅拌，然后依次加入 0.000 65mol 的偏钒酸铵及 1mL 过氧化氢，搅拌至偏钒酸铵完全溶解。

（二）在铜衬底上制备 ZnO 纳米棒步骤

将 0.0056 mol 硫酸锌溶于 35 mL 去离子水中，配制成溶液，同时按 Zn^{2+} 与 OH^- 摩尔比值 1 ∶ 8 将 0.056 mol 氢氧化钠溶于 35 mL 去离子水中；在磁力搅拌条件下，将氢氧化钠溶液逐滴加到硫酸锌的溶液中；持续搅拌 10 min 后，将 0.50 g 甲基四胺分 6 次加入上述溶液中并持续磁力搅拌 10 min；将混合溶液转移到内衬为聚四氟乙烯的反应釜中，将第一步中清洗的铜衬底垂直放置。在 90℃下保温 9 h 后让炉子自然冷却至室温；将得到的白色沉淀用去离子水和无水乙醇离心洗涤 5 次；在真空干燥箱中于 60℃下干燥 6 h（或置于鼓风干燥箱中干燥），得到 ZnO 样品。

五、注意事项

（1）在使用前，应检查反映釜是否完好，上下垫片应完整。

（2）溶液填充量不应超过内衬容量的 2/3，加热温度及时间需准确设置，避免温度过高，发生危险。

（3）反应釜完全冷却后才可取出，不得强行打开处于高温的反应釜。

六、思考题

（1）影响产物的形貌、产率、结晶度等的因素包括哪些？

（2）哪些材料不适宜采用水热法制备？

实验二　溶胶－凝胶法制备电极材料

溶胶－凝胶法是将制备电极材料的各前驱体溶液混合均匀，经过一系列的水解或缩聚反应后形成透明的溶胶；再经过长时间的搅拌，形成以前驱体为骨架的空间网络，网络中由于失去大量流动性的溶剂而形成溶胶；溶胶进一步干燥后形成干凝胶；最后，经过干燥、研磨、烧结等步骤得到所需电极材料的粉体。溶胶－凝胶法既可以制备正极材料，也可以制备负极材料，下面以溶胶－凝胶法制备 Fe_3O_4/ 石墨烯负极材料为例，说明溶胶－凝胶法制备电极材料的方法。

一、实验目的

（1）掌握溶胶－凝胶法合成电极材料的方法。
（2）理解 pH 值、溶液浓度等对溶胶－凝胶法制备电极材料的影响原理。

二、实验原理

Fe_3O_4 作为锂离子电池的负极材料，理论比容量很高，采用简单易行的溶胶－凝胶法制备 Fe_3O_4 / 石墨烯复合材料。将 Fe_3O_4 均匀地负载在石墨烯上，所形成的稳定结构很好地结合了石墨烯与 Fe_3O_4 的优势。其作为锂离子电池的负极材料，与纯 Fe_3O_4 材料相比，循环稳定性与倍率性能得到了很大的改善。Fe_3O_4 与石墨烯均匀的复合，能够发挥各自的优点，石墨烯可以提高电子在复合材料上的传输速率，同时减缓金属氧化物的体积膨胀效应；金属氧化物能够提高整体的比容量，并且能有效阻止石墨烯纳米片的团聚。

本实验采用 $FeC_2O_4 \cdot 2H_2O$ 作为有机源，通过加热、溶解、蒸发等步骤，形成含铁前驱体溶胶、凝胶，最后通过煅烧和热分解还原的方法获得 Fe_3O_4。

三、实验仪器和试剂

（1）仪器：磁力搅拌器、烧杯、圆底烧瓶、抽滤器、高温烧结炉、鼓风干燥箱、离心机。
（2）试剂：$K_2S_2O_8$、去离子水、P_2O_5、浓硫酸、无水乙醇、过氧化氢、浓盐酸、$FeC_2O_4 \cdot 2H_2O$。

四、实验步骤

（一）氧化石墨烯的制备

分别称取 $K_2S_2O_8$ 和 P_2O_5 各 2g 于圆底烧瓶中，并加入 20 mL 浓硫酸，在冰浴条件下缓慢加入 2 g 石墨粉，再加入 6 mL 浓硫酸，然后在 80℃油浴条件下反应 6 h。待反应完后，自然冷却至室温，在冰浴条件下，缓慢加入 150 mL 水。放热完全后，抽滤，反复用水洗涤（至少 5 瓶水），在 40℃条件下干燥，即得到预氧化石墨烯。然后称取 1 g $NaNO_3$，量取 92 mL 浓硫酸于 250mL 烧瓶中，冰浴，搅拌条件下缓慢加入 2 g 预氧化石墨，再缓慢加入 10 g 高锰酸钾。加料完毕，待搅拌充分后，把圆底烧瓶移至油浴锅，升温至 35℃，反应 24h。反应完后，在冰浴、搅拌条件下加入 100 mL 水。待放热完后，将其倒入 500 mL 烧杯内，将其稀释至 450 mL 溶液。搅拌 15 min 后加入 10 mL 30% 的过氧化氢（缓慢滴加约至 6 mL 时，溶液变为浅黄色）。加完后，充分搅拌反应 2 h，再加入 50 mL 浓盐酸（质量比为 1∶10），充分搅拌 2～3 h，静置 1 d。使用离心机离心，并依次用乙醇、水清洗。将离心后的物质从离心管内倒入表面皿内，放入 40℃干燥箱中干燥，即可得到氧化石墨。

（二）Fe_3O_4/rGO 复合材料的制备

称取一定量氧化石墨于 250 mL 烧杯中，加入 50mL 无水乙醇后超声溶解。待氧化石墨完全溶解后，再加入 200 mg 的 $FeC_2O_4 \cdot 2H_2O$，在 60℃水浴锅中搅拌 3 h。待铁源完全溶解后，将水浴锅升温至 80℃，使乙醇完全蒸发。在烘箱中烘干后，将样品装入小坩埚中，在管式炉中于 N_2 氛围、550℃ 条件下煅烧 3 h。此过程中，氧化石墨被还原，得到 Fe_3O_4/rGO 复合材料。

五、注意事项

（1）氧化物石墨烯的制备过程需严格按照步骤进行，注意个人防护。

（2）整个过程应在通风橱内进行。

六、思考题

（1）溶解凝胶法制备材料的特点有哪些？

（2）为什么需要在氮气气氛下煅烧材料前驱体？

实验三 固相法制备电极材料（固相法制备钛酸锂电极材料）

高温固相反应法是材料制备当中比较适合规模化生产的方法。一般将生成目标材料所需要的试剂按照比例混合在一起，通过球磨、煅烧等过程，制得所需要的材料。该方法过程简单、适合微米级粉体的生产，但容易存在反应不均匀、颗粒分布范围宽等问题，使用过程中应注意相关参数的选择。

一、实验目的

（1）掌握固相法制备钛酸锂电极材料的方法。

（2）了解制备过程中相关参数对材料的影响原理。

二、实验原理

固相法是目前工业化制备钛酸锂电极材料的主要方法。本实验以锐钛 TiO_2、Li_2CO_3 为原料，无水乙醇为分散剂，采用球磨辅助固相法合成尖晶石型钛酸锂（$Li_4Ti_5O_{12}$），并探究原料配比、焙烧温度、焙烧时间对其晶型结构、颗粒形貌及充放电性能的影响。在球磨时间为 3h、物料配比 n（Li/Ti）（Li 与 Ti 的物质的量比）为 0.85、焙烧温度为 800℃、焙烧时间为 12h 条件下，所得钛酸锂材料的纯度较高、形貌较好。

主要反应如下：

$$Li_2CO_3 \longrightarrow Li_2O+CO_2 \tag{1}$$
$$TiO_2+Li_2O \longrightarrow Li_2TiO_3 \tag{2}$$
$$3TiO_2+2Li_2TiO_3 \longrightarrow Li_4Ti_5O_{12} \tag{3}$$

三、实验仪器和试剂

（1）仪器：烧杯、高温烧结炉、鼓风干燥箱。

（2）试剂：Li_2CO_3（分析纯）、锐钛矿型 TiO_2、去离子水、无水乙醇。

四、实验步骤

（1）将 Li_2CO_3（分析纯）和锐钛矿型 TiO_2（99%）按一定比例 [（n（Li/Ti）

= 0.80、0.85、0.90、1.00] 混合，以无水乙醇（99.8%）为分散剂，按球料质量比 10 : 1 进行装料。

（2）采用行星式高能球磨机，以 450r/min 的速率球磨 3 h，制成白色均匀浆料，然后洗涤、过滤。将浆液转移至鼓风干燥箱中于 120℃干燥处理 12h，再经研磨处理，制成钛酸锂前驱体。

（3）将处理制成的钛酸锂前驱体置于箱式炉中，在空气氛围下以 5℃/min 的速率升至一定温度（T=700、800、850、900℃），在对应温度下分别焙烧处理若干小时（t=6、12、18、24h），然后自然冷却，合成尖晶石型钛酸锂（$Li_4Ti_5O_{12}$）白色粉末（图 5-3-1）。

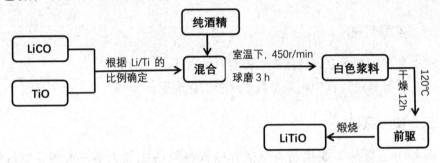

图 5-3-1　固相法制备钛酸锂电极材料流程图

五、注意事项

（1）注意检查球磨罐是否牢固，密封是否完好。

（2）干燥过程应在白天有人值守的情况下进行。

六、思考题

（1）球磨混合过程中，为什么采用纯酒精？

（2）球磨时间是否越长越好？

实验四　电极材料结构及形貌的表征

材料的结构及形貌表征是从材料制备到应用必须进行的环节。随着科学技术的发展，其表征方式越来越多，也越来越先进。这里主要介绍材料结构及形貌表征经常用到的两种方式：X射线衍射（XRD）和扫描电子显微镜（SEM）。

X射线衍射通过对材料进行X射线衍射分析，通过衍射图谱，获得材料的成分、材料内部原子或分子的结构或形态等信息的研究手段。

扫描电子显微镜是1965年发明的微观形貌分析工具，主要是利用二次电子信号成像来观察样品的表面形态，即用极狭窄的电子束去扫描样品，通过电子束与样品的相互作用产生各种效应，其中，主要是样品的二次电子发射。二次电子能够产生样品表面放大的形貌像，这个像是在样品被扫描时按时序建立起来的，即使用逐点成像的方法获得放大像。扫描电子显微镜的放大倍率可达到百万倍，因此其分辨率可达几个纳米级的范围。

一、实验目的

（1）了解XRD及SEM的原理及用途。

（2）掌握材料结构、形貌表征方法。

二、实验原理

（一）X射线衍射原理（X Ray Diffraction）

XRD的基本原理：X射线是原子内层电子在高速运动电子的轰击下跃迁而产生的光辐射，主要有连续X射线和特征X射线两种。当一束单色X射线入射到晶体时，因为晶体是由原子规则排列成的晶胞组成，这些规则排列的原子间距离与入射X射线波长有相同数量级，所示由不同原子散射的X射线相互干涉，在某些特殊方向上产生强X射线衍射，衍射线在空间分布的方位和强度与晶体结构密切相关，可以反映晶体的结构信息。对衍射线产生的衍射图谱进行分析，可以得到物质的结构信息。

（二）X射线衍射仪基本结构

1.高稳定度X射线源

提供测量所需的X射线，改变X射线管的阳极靶材质可改变X射线的波长，调节阳极电压可控制X射线源的强度。

2.样品及样品位置取向的调整机构系统

样品须是单晶、粉末、多晶或微晶的固体块。

3.射线检测器

检测衍射强度或同时检测衍射方向，通过仪器测量记录系统或计算机处理系统可以得到多晶衍射图谱数据。

4.衍射图的处理分析系

现代X射线衍射仪（图5-4-1）都附带有专用衍射图处理分析软件的计算机系统，它们的特点是自动化和智能化。

图5-4-1　X射线衍射仪实物图

（三）X射线衍射技术主要应用

1.物相分析

物相分析是X射线衍射在物质分析中用得最多的技术，其包括定性分析和定量分析。前者把对材料测得的点阵平面间距及衍射强度与标准物相的衍射数据相比较，确定材料中存在的物相；后者则根据衍射花样的强度，确定材料中各项的含量。在研究性能和各相含量的关系和检查材料的成分配比及随后的处理规程是否合理等方面都得到广泛应用。

2.结晶度的测定

结晶度定义为结晶部分重量与总的试样重量之比的百分数。非晶态合金应用非常广泛，如软磁材料等，而结晶度直接影响材料的性能，因此结晶度的测定就显得尤为重要了。测定结晶度的方法很多，但不论哪种方法，都是根据结晶相的衍射图谱面积与非晶相图谱面积决定的。

3.精密测定点阵参数

精密测定点阵参数常用于相图的固态溶解度曲线的测定。溶解度的变化往往引起点阵常数的变化；当达到溶解限后，溶质的继续增加引起新相的析出，不再引起点阵常数的变化。这个转折点即为溶解限。另外点阵常数的精密测定可得到单位晶胞原子数，从而确定固溶体类型；还可以计算出密度、膨胀系数等有用的物理常数。

（四）扫描电子显微镜基本原理

当一束极细的高能入射电子轰击扫描样品表面时，被激发的区域将产生二次电子、俄歇电子、特征 X 射线和连续谱 X 射线、背散射电子、透射电子（图5-4-2），以及在可见、紫外、红外光区域产生的电磁辐射，同时可产生电子 - 空穴对、晶格振动（声子）、电子振荡（等离子体）。二次电子来自距离表面 5 ～ 10nm 的区域内，能量为 0 ～ 50eV。它对试样表面状态非常敏感，能有效地显示试样表面的微观形貌。由于它发自试样表层，入射电子还没有被多次反射，因此产生二次电子的面积与入射电子的照射面积没有多大区别，所以二次电子的分辨率较高，一般可达到 5 ～ 10nm。扫描电镜的分辨率一般就是二次电子分辨率。二次电子产额随原子序数的变化不大，它主要取决于表面形貌。

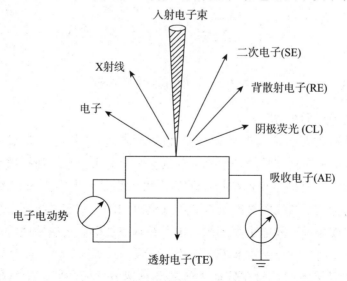

图 5-4-2　电子束与固体样品表面作用时的物理现象

（五）扫描电子显微镜基本结构（图5-4-3）

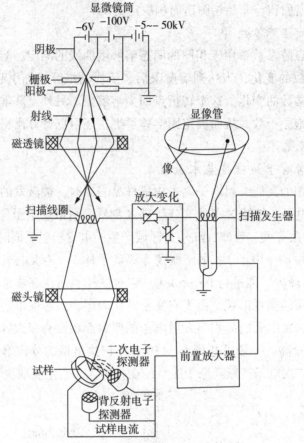

图5-4-3 扫描电子显微镜结构图

1.真空系统和电源系统

真空系统主要包括真空泵和真空柱两部分。真空柱是一个密封的柱形容器。真空泵用来在真空柱内产生真空。真空泵分为机械泵、油扩散泵以及涡轮分子泵三大类，机械泵加油扩散泵的组合可以满足配置钨枪的 SEM 的真空要求，但对于装置了场致发射枪或六硼化镧枪的 SEM，则需要机械泵加涡轮分子泵的组合。成像系统和电子束系统均内置在真空柱中。真空柱底端用于放置样品。之所以要用真空，主要基于以下两点原因。

电子束系统中的灯丝在普通大气中会迅速氧化而失效，所以除了在使用SEM 时需要用真空以外，平时还需要以纯氮气或惰性气体充满整个真空柱。为了增大电子的平均自由程，用于成像的电子需更多。

2.电子光学系统

电子光学系统由电子枪、电磁透镜、扫描线圈和样品室等部件组成。其是用来获得扫描电子束，作为产生物理信号的激发源。为了获得较高的信号强度和图像分辨率，扫描电子束应具有较高的亮度和尽可能小的束斑直径。

（1）电子枪。其作用是利用阴极与阳极灯丝间的高压产生高能量的电子束。目前大多数扫描电镜采用热阴极电子枪。其优点是灯丝价格较便宜，对真空度要求不高，缺点是钨丝热电子发射效率低，发射源直径较大，即使经过二级或三级聚光镜，在样品表面上的电子束斑直径也在 $5 \sim 7nm$，因此仪器分辨率受到限制。现在，高等级扫描电镜采用六硼化镧或场发射电子枪，使二次电子像的分辨率达到 $2nm$。但这种电子枪要求很高的真空度。

（2）电磁透镜。其作用主要是把电子枪的束斑逐渐缩小，即将原来直径约为 $50mm$ 的束斑缩小成一个只有数 nm 的细小束斑。其工作原理与透射电镜中的电磁透镜相同。扫描电镜一般有三个聚光镜，前两个透镜是强透镜，用来缩小电子束光斑尺寸。第三个聚光镜是弱透镜，具有较长的焦距，在该透镜下方放置样品可避免磁场对二次电子轨迹的干扰。

（3）扫描线圈。其作用是提供入射电子束在样品表面上以及阴极射线管内电子束在荧光屏上的同步扫描信号。改变入射电子束在样品表面扫描的振幅，以获得所需放大倍率的扫描像。扫描线圈是扫描点晶的一个重要组件，它一般放在最后的二透镜之间，也有的放在末级透镜的空间内。

（4）样品室。样品室的主要部件是样品台。它除能进行三维空间的移动之外，还能倾斜和转动，样品台的移动范围一般可达 $40mm$，倾斜范围至少在 $50°$，转动 $360°$。样品室还要安置各种型号的检测器。信号的收集效率和相应检测器的安放位置有很大关系。样品台还可以带有多种附件，例如，样品在样品台上加热、冷却或拉伸，可进行动态观察。近年来，为适应断口实物等大零件的需要，还开发了可放置尺寸在 $\Phi125mm$ 以上的大样品台。

3.信号检测放大系统

其作用是检测样品在入射电子作用下产生的物理信号，经视频放大后作为显像系统的调制信号。不同的物理信号需要不同类型的检测系统，大致可分为三类：电子检测器、阴极荧光检测器和 X 射线检测器。在扫描电子显微镜中最普遍使用的是电子检测器，它由闪烁体、光导管和光电倍增器所组成。

当信号电子进入闪烁体时，电离出现；当离子与自由电子复合时，可见光产生。光子沿着没有吸收的光导管传送到光电倍增器，进行放大并转变成电流信号输出，电流信号经视频放大器放大后就成为调制信号。这种检测系统的特点是：在很宽的信号范围内具有正比与原始信号的输出，具有很宽的频带（10Hz～1MHz）和高的增益（105～106），而且噪声很小。由于镜筒中的电子束和显像管中的电子束是同步扫描的，荧光屏上的亮度是根据样品上被激发出来的信号强度来调制的，而由检测器接收的信号强度随样品表面状况不同而变化，那么由信号监测系统输出的反应样品表面状态的调制信号，在图像显示和记录系统中就转换成一幅与样品表面特征一致的放大的扫描像。

三、实验仪器

实验仪器：扫描电子显微镜、X 射线衍射仪。

四、实验步骤

（一）X 衍射仪操作步骤

（1）开启循环水系统：将循环水系统上的钥匙拧向竖直方向，打开循环水上的控制器开关 ON，此时界面会显示流量，打开按钮 RUN 即可。调节水压使流量超过 3.8L/min，如果流量小于 3.8L/min，高压将不能开启。

（2）开启主机电源：打开交流伺服稳压电源，即把开关扳到 ON 的位置，然后按开关上面的绿色按钮 FAST START，此时主机控制面板上的 "stand by" 灯亮。

（3）按下 Light（第三个按钮），打开仪器内部的照明灯。

（4）关好门，把 HT 钥匙转动 90°，拧向平行位置，按下 X' Pert 仪器上的 Power on（第一个按钮），此时 HT 指示灯亮，HT 指示灯下面的四个小指示灯也会亮，并且会有电压（15kV）和电流（5mA）显示，等待电压、电流稳定下来。如果没有电压、电流显示，把钥匙拧向竖直位置，稍等半分钟，再把钥匙拧向平行位置，重复此操作，直到把 HT 打开。

（5）点击桌面上的 X' Pert Data Collector 软件，输入账号密码。

（6）点击菜单 Instrument 的下拉菜单 Connect，进行仪器连接，在出来的对话框中点击 OK，再在出来的对话框中点击 OK，此时软件的左侧会出现参数设定界面 Flat sample stage。

（7）Flat Sample Stage 界面共有 3 个选项卡 Instrument Settings、Incident Beam Optics 和 Diffracted Beam Optics，设备老化和电压、电流操作均在 Instrument Settings 下设定，后两个参数设定一般不要动。

（8）如果两次操作间隔 100h 以上，应选择正常老化，间隔在 24～100h 之间的，应选择快速老化。老化的方式：在第 7 步的 Instrument Settings 下，展开 Diffractometer → X-ray → Generator（点击前面的小"+"号），此时 Generator 下面有三个参数：Status、Tension 和 Current，双击这三个参数中的任一个或者右击其中的任一个选择 change，会出现 Instrument Settings 对话框，此时正定位在此对话框的第三个选项卡 X-ray 上，界面上有 X-Ray generator，X-Ray tube 和 Shutter 三项，点击 X-Ray tube 下的 Breed... 按钮，会出现 Tube Breeding 对话框，选择 breed X-Ray tube 的方式：at normal speed 或者 fast，然后点击 ok，光管开始老化，鼠标显示忙碌状态。老化完毕后，先升电压，后升电流，每间隔 5kV、5mA 地升至 40kV、40mA，即设备将在 40kV 和 40mA 的状态下工作。

（9）试样制备：根据样品的量选择相应的试样板，粉体或者颗粒都应尽量使工作面平整。

（10）打开设备门，放入样品，把门关上，应关紧，否则会提示 Enclosure（doors）not closed 的错误。

（11）首先选择 project，点击 X' Pert Data Collector 的 Customize 菜单下的 Select Project...，出现 Select Current Project 的对话框，选择自己的文件夹，点击 ok 即可。如果还没有自己的 project，打开 X' Pert Organizer 软件，点击菜单 Users & Projects 菜单下的 Edit Projects，点击 New...，出现 New Project 对话框，新建自己的 project，点击 ok 即可。然后重复第 11 步前半部分。

（12）点击菜单 Measure 下的 Program...，出现 Open Program 对话框，默认 Program type 为 Absolute scan，默认选择 cell-scan，点击 ok，出现 Start 对话框，由于第 11 步的工作，所以 Project name 一栏已经选择在自己的文件夹，在 Data set name 一栏填入试样代号，点击 ok，即开始扫描。

（13）开始扫描后会出现 Positioning the instrument，然后"咔"的一声，仪器门锁上，两臂抬起，开始扫描试样，默认衍射角 10° ~ 80°。

（14）扫描结束后"咔"的一声，两臂开始降落，显示 Positioning the instrument，此时一定要等两臂降下来（衍射角约为 12.000° 时）之后再开门，不然又会提示 Enclosure（doors）not closed 的错误。

（15）测试结束后，先降电流再降电压，把电流和电压分别降到 10mA 和 30kV（每间隔 5mA、5kV 的降），将钥匙转动 90° 到竖直位置，关闭高压；等待约 2min 后按下 Stand by 按钮，关闭主机和循环水系统。如果下次测试时间间隔不超过 20h，就不用关闭高压（不拧钥匙），不关主机和循环水，但是要把电流和电压降下来。

（16）导出数据。打开 X' Pert Organizer，点击 Database 的下拉菜单的

Export 的 Scans…，出来 Export scans 对话框，点击下面的 Filter... 按钮，通过过滤，查找到相应文件，选中，点击ok，然后点击Folder…，找到存放的目录，点击 ok，然后把 rd 和 csv 的格式勾上，并全部选中，ok 即可。

（17）光盘刻录。准备好空白光盘，打开刻录软件，按照提示操作。

（二）扫描电子显微镜操作步骤

1.样品制备

将分散好的样品滴于铜片上，干燥后将载有样品的铜片粘在样品座上的导电胶带上（大颗粒样品可直接粘在导电胶带上）。

对于导电性不好的样品必须蒸镀导电层，通常为蒸金：将样品座置于蒸金室中，合上盖子，打开通气阀门，把蒸金室抽成真空。选择好适当的蒸金时间，达到真空度并定好时间后加电压并开始计时，保持电流值，时间到后关闭电压，关闭仪器，取出样品（注意：打开蒸金室前必须先关闭通气阀门，以防液体倒流）。

2.扫描电镜的操作

（1）安装样品。

①按 "Vent" 直至灯闪，对样品交换室放氮气，直至灯亮；

②松开样品交换室锁扣，打开样品交换室，取下原有的样品台，将已固定好样品的样品台，放到送样杆末端的卡抓内（注意：样品高度不能超过样品台高度，并且样品台下面的螺丝不能超过样品台下部凹槽的平面）；

③关闭样品交换室门，扣好锁扣；

④按 "EVAC" 按钮，开始抽真空，"EVAC" 闪烁，待真空达到一定程度，"EVAC" 点亮；

⑤将送样杆放下至水平，向前轻推，至送样杆完全进入样品室，无法再推动为止，确认 "Hold" 灯点亮，将送样杆向后轻轻拉回直至末端台阶露出导板外，将送样杆竖起卡好（注意：推拉送样杆时必须沿送样杆轴线方向用力，以防损坏送样杆）。

（2）试样的观察（注意：软件控制面板上的背散射按钮千万不能点，以防损坏仪器）。

①观察样品室的真空 "PVG" 值，当真空达到 9.0×10^{-5}Pa 时，打开 "Maintenance"，加高压 5KV，软件上扫描的发射电流为 10μA，工作距离 "WD" 为 8mm，扫描模式为 "Lei"（注意：为减少干扰，有磁性样品时，工作距离一般为 15mm 左右）；

②操作键盘上按"Low Mag""Quick View",将放大倍率调至最低,点击"Stage Map",对样品进行标记,按顺序对样品进行观察;

③取消"Low Mag",看图像是否清楚,不清楚则调节聚焦旋钮,直至图像清楚,再旋转放大倍率旋钮,聚焦图像,直至图像清楚,再放大……,直到放大到所需要的图;

④聚焦到图像的边界一致,如果边界清晰,说明图像已选好,如果边界模糊,调节操作键盘上的"X、Y"两个消像散旋钮,直至图像边界清晰,如果图像太亮或太暗,可以调节对比度和亮度,旋钮分别为"Contrast"和"Brightness",也可以按"ACB"按钮,自动调整图像的亮度和对比度;

⑤按"Fine View"键,进行慢扫描,同时按"Freeze"键,锁定扫描图像;

⑥扫描完图像后,打开软件上的"Save"窗口,按"Save"键,填好图像名称,选择图像保存格式,然后确定,保存图像;

⑦按"Freeze"解除锁定后,继续进行样品下一个部位或者下一个样品的观察。

3.取出样品

(1)检查高压是否处于关闭状态(如 HT 键为绿色,点击 HT 键,关闭高压,HT 键为蓝色或灰色);

(2)检查样品台是否归位,工作距离为 8mm,点击样品台按钮,按 Exchang 键,Exchang 灯亮;

(3)将送样杆放至水平,轻推送样杆到样品室,停顿 1s 后,抽出送样杆并将送样杆竖起卡好。注意观察,若 Hold 关闭,则样品台离开样品室。

五、注意事项

(1)严格按照操作顺序进行操作,测试过程中避免人员接触 XRD 测试仪。
(2)样品的制备应符合测试要求,测试前做好检查。

六、思考题

(1)扫描电子显微镜为什么选择电子束作为光源?
(2)XRD 测试需要提供哪些测试条件(参数)?

实验五　纽扣电池电极片的制备

一、实验目的

（1）了解锂离子电池极片的组成及作用。

（2）掌握锂离子电池极片的制备方法。

二、实验原理

锂离子电池主要由正极、负极、电解液和隔膜等几个部分组成。目前，商用的锂离子电池的正极材料主要由磷酸铁锂、钴酸锂、锰酸锂和三元材料组成；负极由碳材料组成，如 MCMB、天然石墨等；隔膜采用具有微细孔的有机高分子隔膜，如美国的 Celgard 隔膜；电解液由有机溶剂和导电盐组成，有机溶剂采用碳酸乙烯酯、碳酸二甲酯等，导电盐采用 $LiClO_4$、$LiPF_6$、$LiAsF_6$、$LiBF_4$ 等。负极的集流体为铜箔，正极的集流体为铝箔。通常使用的黏结剂为聚偏氟乙烯（PVDF）等。通过黏结剂把石墨、钛酸锂等负极材料黏附在铜箔上并做成薄膜，以此作为负极。正极材料的导电性不好，故必须加入导电炭黑材料。按照一定的配比，把活性材料、炭黑和 PVDF 混合均匀，加入适量溶剂制成具有一定流动性的胶状混合物，在铝箔上均匀涂布，经真空干燥后即可作为正极。

三、实验仪器和试剂

（1）实验仪器：称量瓶、磁转子、磁力搅拌器、涂膜机、电热恒温鼓风干燥箱、真空干燥箱、极片冲模器。

（2）试剂：正负极电极材料粉体、铜箔、铝箔、电解液、导电剂（Super P）、黏结剂（PVDF）、纽扣电池用外壳（正极壳和负极壳）、弹片、垫片等。

四、实验步骤

正负极极片的制作（图 5-5-1）：

（1）活性物质：导电添加剂：黏结剂 =80：10：10（质量比），按总量 1000mg 称取各物质，先将活性物质（800mg）和导电添加剂乙炔黑（100mg）置于称量瓶中，然后加入 100mg 黏结剂（PVDF），搅拌 30min，使得粉体混合均匀，然后滴加入 N-甲基吡咯烷酮（NMP），调节黏度，磁力搅拌成泥浆状，浆料以刚刚流动为宜。

（2）磁力搅拌 4h 后，用手动涂膜机将搅好的浆料均匀涂覆在集流体上（涂抹器的开口设置成 150μm），正极物质用铝箔，负极物质用铜箔，涂膜厚度为 20μm。

（3）将涂好膜的铜箔或铝箔放入真空烘箱中，110℃ 烘干 12h 后，用冲片机将电极片冲成 $\Phi=15$mm 的正负极片，同时冲极片空白的铜箔或铝箔，以便准确称量活性物质的量，将冲的极片放入真空烘箱中，真空烘箱的温度设置为 60℃，烘干 4h。

（4）挑选与极片当量的隔膜（多挑选几片，注意完整、无损伤），采用无水乙醇清洗干净，放到无尘纸中，采用吹风机吹干，连同 1mL 注射器及几张无尘纸放入 60℃真空烘箱中烘干 4h。

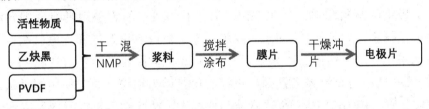

图 5-5-1 电池极片的制备过程

五、注意事项

（1）油性体系在制浆及涂布的过程中需在相对干燥的环境中进行，避免水分混入浆料中。

（2）若浆料过稀，应在容器内烘烤一会儿，重新混合。

六、思考题

（1）单面光和双面光的铜箔对极片有什么影响？

（2）为什么选用真空干燥极片？

实验六　扣式锂离子电池的组装

一、实验目的

（1）熟悉扣式锂离子电池的主要组成部分。

（2）掌握扣式锂离子电池的组装方法。

二、实验原理

锂离子电池主要由正极、负极、电解液和隔膜等几个部分组成。目前，商用的锂离子电池的正极材料主要由磷酸铁锂、钴酸锂、锰酸锂和三元材料组成；负极由碳材料组成，如 MCMB、天然石墨等；隔膜采用具有微细孔的有机高分子隔膜，如美国的 Celgard 隔膜；电解液由有机溶剂和导电盐组成，有机溶剂采用碳酸乙烯酯、碳酸二甲酯等，导电盐采用 $LiClO_4$、$LiPF_6$、$LiAsF_6$、$LiBF_4$ 等。负极的集流体为铜箔，正极的集流体为铝箔。通常使用的黏结剂为聚偏氟乙烯（PVDF）等。通过黏结剂把石墨、钛酸锂等负极材料黏附在铜箔上并做成薄膜，以此作为负极。正极材料的导电性不好，故必须加入导电炭黑材料。按照一定的配比，把活性材料、炭黑和 PVDF 混合均匀，加入适量溶剂制成具有一定流动性的胶状混合物，在铝箔上均匀涂布，经真空干燥后即可作为正极。正负极都必须采用可以使 Li^+ 嵌入/脱出的活性物质，其结构示意图如图 5-6-1 所示。

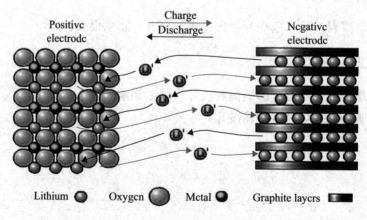

图 5-6-1　二次锂离子电池结构示意图

三、实验仪器和试剂

（1）实验仪器：称量瓶、磁转子、磁力搅拌器、涂膜机、电热恒温鼓风干燥箱、真空干燥箱、极片冲模器、手套箱。

（2）试剂：正负极电极材料粉体、铜箔、铝箔、电解液、导电剂（Super P）、黏结剂（PVDF）、纽扣电池用外壳（正极壳和负极壳）、弹片、垫片等。

四、实验步骤

将称好质量的电极片，组装成纽扣电池，电池装配在充满 Ar 气的手套箱中进行，隔膜采用 Cellgard，电解液为 $1mol/L$ $LiPF_6$/EC–DMC（体积比 $1:1$），具体装配流程如图 5-6-2 所示。

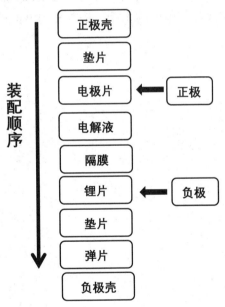

图 5-6-2　扣式电池装配流程图

在手套箱内，按负极壳、垫片、锂片、电解液、隔膜、电解液、正极片的顺序放好，经过封装（压强在 50 MPa 左右），即完成电池的装配过程，制成成品电池。通过手套箱的小过渡舱将装配过程中所需物品放入手套箱内，需要进行 3 次抽气补气循环，第一次抽取时间相对长些，补气时间不宜太长。

用镊子夹起完成的电池（注意：镊子应夹紧，保证此时不发生漏液、内部滑移等现象），置入封装机前，用纸巾擦净电池表面，将电池以镊子夹紧，负极朝上置入压片槽，采用 50 MPa 左右的压强压制电池，封装完成后，将电池置于培养皿中，用纸巾擦拭压片槽，避免电解液腐蚀压片槽。

五、注意事项

（1）在组装过程中，正负极一定要对准，避免错位，若出现轻微错位，可通过拨动极片调整。

（2）电池未封装之前，尽量避免翻动或者用力抖动。

六、思考题

（1）弹片的作用是什么？

（2）装配顺序如果与实验中的相反，是否影响电池性能？

实验七　锂离子电池充放电性能的测试

一、实验目的

（1）了解锂离子电池的充放电性能的意义。

（2）掌握锂离子电池充放电测试方法。

二、实验原理

充放电性能是锂离子电池最重要且与实际应用联系最紧密的性能。它主要包括充放电容量、首次库伦效率、循环稳定性及倍率性能。充放电容量是指在一定的充放电制度下，电池所能充进及放出的电量。电极材料的种类、导电性、充放电制度等很多因素都会对充放电容量有影响。一般采用单位质量（体积）的容量，即比容量来表示电极材料的充放电容纳能力。首次库伦效率是指电池首次的放电容量与充电容量之比，常用百分比来表示，对于正极材料来说，是嵌锂容量 / 脱锂容量，即放电容量 / 充电容量；对于负极材料来说，是脱锂容量 / 嵌锂容量，即充电容量 / 放电容量。首次库伦效率可反映 SEI 膜等对锂源的消耗情况。循环稳定是指在经过一定次数的充放电循环后，电池容量的保持率。通常在一定充放电制度下，循环充放电数百次被用来评价电池的循环稳定性。电池的循环稳定性直接影响到电池的寿命。倍率性能是指在不同的电流密度下对电池进行充放电，所表现出来的容量大小、循环稳定性等。以上电池的充放电性能，需要通过电池充放电测试仪得到相关数据，并进行评价。

三、实验仪器

实验仪器：电池充放电测试仪 1 台，电脑 1 台。

四、实验步骤

在对组装好的纽扣电池进行测试前，纽扣电池需静置 6h 以上，让电解液充分浸润活性材料。

循环稳定性测试：

（1）恒流充电。采用一定的电流密度对电池进行充电，直到电压达到截止电压值。

（2）静置。静置 2～5min，电池有时间达到平衡态。

（3）恒流放电。类似第（1）步。

（4）静置。

（5）从第（1）步开始循环，直到循环一定周期后停止。

倍率性能测试：

（1）恒流充电。采用一定的电流密度对电池进行充电，直到电压达到截止电压值。

（2）静置。静置 2～5min，电池有时间达到平衡态。

（3）恒流放电。类似第（1）步。

（4）静置。

（5）从第（1）步开始循环，直到循环一定周期后进入下一步。

（6）恒流充电。采用比第（1）步大的电流密度。

（7）……

（8）……

不同的电流密度条件测试完后，选择终止（图 5-7-1）。

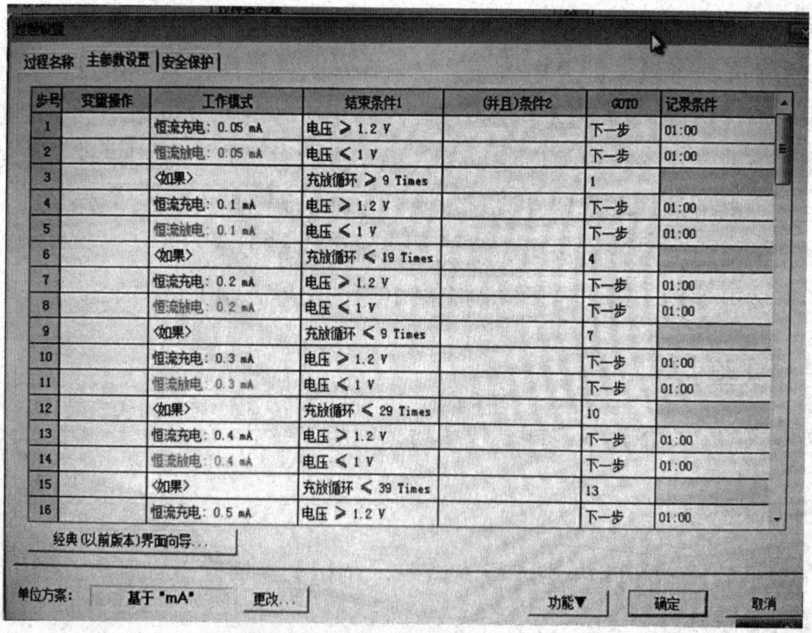

步号	变量操作	工作模式	结束条件1	(并且)条件2	GOTO	记录条件
1		恒流充电: 0.05 mA	电压 ≥ 1.2 V		下一步	01:00
2		恒流放电: 0.05 mA	电压 ≤ 1 V		下一步	01:00
3		〈如果〉	充放循环 ≤ 9 Times		1	
4		恒流充电: 0.1 mA	电压 ≥ 1.2 V		下一步	01:00
5		恒流放电: 0.1 mA	电压 ≤ 1 V		下一步	01:00
6		〈如果〉	充放循环 ≤ 19 Times		4	
7		恒流充电: 0.2 mA	电压 ≥ 1.2 V		下一步	01:00
8		恒流放电: 0.2 mA	电压 ≤ 1 V		下一步	01:00
9		〈如果〉	充放循环 ≤ 9 Times		7	
10		恒流充电: 0.3 mA	电压 ≥ 1.2 V		下一步	01:00
11		恒流放电: 0.3 mA	电压 ≤ 1 V		下一步	01:00
12		〈如果〉	充放循环 ≤ 29 Times		10	
13		恒流充电: 0.4 mA	电压 ≥ 1.2 V		下一步	01:00
14		恒流放电: 0.4 mA	电压 ≤ 1 V		下一步	01:00
15		〈如果〉	充放循环 ≤ 39 Times		13	
16		恒流充电: 0.5 mA	电压 ≥ 1.2 V		下一步	01:00

图 5-7-1 充放电设置工步示例

五、注意事项

（1）仔细检查每步的设置条件，防止测试无法进入下一循环或者提前结束。

（2）电池放置时注意正负极及对应的位置。

六、思考题

（1）电池的循环稳定性可以通过哪种数据显示方式表示？

（2）通过电压 – 容量曲线可以得到哪些信息？

实验八 锂离子电池循环伏安及交流阻抗的测试

一、实验目的

（1）了解锂离子电池循环伏安及交流阻抗测试的意义。

（2）掌握循环伏安及交流阻抗测试的方法。

二、实验原理

循环伏安法是常用的电化学测试方法，通过循环伏安法可以得到较多的信息。例如，我们可以观察到嵌/脱锂的反应速度、可逆程度、材料的相变，还可以通过不同扫描速度的循环伏安曲线计算锂离子的扩散系数等。循环伏安法具有实验比较简单、可以得到的信息数据较多等特点，因此它是电化学测量中经常使用的一个重要方法。循环伏安法又叫作线性电势扫描法，即控制电极电势按恒定速度从起始电势变化到某一电势，再以相同的速度从反向扫描，同时记录相应的电流变化。控制电极电势从比体系标准平衡电势正得多的起始电位开始做正向电势扫描，如果溶液体系仅有氧化态，则开始时电极上只有非法拉第电流（双层电容充电电流）通过。当电极电势逐渐负移到平衡电势附近时，电极反应开始进行，并有法拉第电流通过。随着电极电势进一步负移，一方面电极反应被加速，电流越来越大，另一方面电极表面附近液层中的反应粒子不断被消耗，使浓度减低，扩散层的厚度逐渐增加，电流越来越小。初始阶段前者起主导作用，后期后者占优势，因而得到呈峰状的电流－电势（或电流－时间）曲线。这一方法称为电势扫描法。当电势从此处改为反向扫描后，电极附近的大量还原物重新被氧化，随着电势接近，电流不断增大直到峰值氧化电流；随后出现电流衰减。整个反向扫描的电流变化与正向扫描时的峰状电流电势曲线很相似。这种包括正向、反向的电势扫描法，通常称为"循环伏安法"。

交流阻抗方法是施加一个小振幅的正弦交流信号，使电极电位在平衡电极电位附近微扰，在达到稳定状态后，测量其响应电流（或电压）信号的振幅和相，依次计算出电极的复阻抗。然后根据设想的等效电路，通过阻抗谱的分析和参数拟合，求出电极反应的动力学参数。这种方法使用的电信号振幅很小，又是在平衡电极电位附近，因此电流与电位之间的关系往往可以线性化，这给动力学参数的测量和分析带来很大方便。锂离子电池充放电过程中，锂离子在正极材料上的嵌入反应是：锂离子从液态电解质内部迁移到电解液与固体电极的交界面；锂离子吸附在电极/电解液界面处，形成表面层；吸附态的锂离子进入正极材料；锂离子由固体电极表面向内部扩散。脱出反应为上述过程的逆过程。以上几个过程分别在不同程度上影响电极系统的动力学性能，在电解液相同的情况下，电极过程的动力学参数取决于电极材料及其界面性质。如果电极反应只受界面电荷迁移和物质扩散所支配，由于锂离子在电解质中的扩散速率远大于在固相活性物质中的扩散速率，则可认为锂离子在界面附近扩散的Warburg 阻抗，描述的是锂离子在固相活性物质中的扩散过程。所以交流阻抗法可以计算锂离子在固相材料中的扩散系数。

三、实验仪器和试剂

实验仪器：电化学工作站 1 台（图 5-8-1），电脑一台。

试剂：测试样品数个。

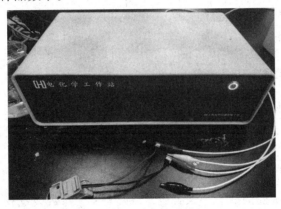

图 5-8-1　电化学工作站

四、实验步骤

循环伏安测试：

（1）打开电化学工作站电源，打开电脑上的电化学工作站软件，选择测试技术 –CV。

（2）选择参数设置。

Initial（初始电压）：一般是电池的开路电压。

High（最高电位）：选择电池充放电测试的充电截止电压。

Low（最低电位）：选择电池充放电测试的放电截止电压。

Scan rate（扫描速率）：0.1 mV/s。

Segment（扫描段数）：最低为2。

其他参数默认。

（3）点击 OK，开始测试。

（4）保存数据。

交流阻抗测试：

（1）打开电化学工作站电源，打开电脑上的电化学工作站软件，选择测试技术 –AC impedance。

（2）选择参数设置。

Initial（初始电压）：电池开路电压。

High Frequency（Hz）= 1e+5。

Low Frequency（Hz）= 0.01。

其他参数默认。

（3）点击 OK，开始运行。

（4）保存数据。

五、注意事项

（1）测试过程避免电化学工作站附近产生机械振动、磁场、电场等。

（2）接线处要确保连接正常，电池正负极与测试夹紧密接触。

六、思考题

（1）若循环伏安曲线为一条直线，一般与哪个参数设置有关？

（2）交流阻抗谱的视图形式有几种？横纵坐标分别表示什么？

第六章　太阳能应用技术

近年来，随着石油、煤炭等不可再生能源的日益枯竭，太阳能光伏产业作为新能源领域的重要组成部分，在各国产业政策的积极支持下发展迅速。其主要分为光伏发电技术和光热技术，光伏发电技术又分为离网型光伏发电系统和并网型光伏发电系统。光伏发电技术原理为，根据光生伏特效应，利用太阳能电池将太阳能直接转化为电能。光子照射到金属上时，它的能量可以被金属中某个电子全部吸收。电子吸收的能量足够大，就能克服金属内部引力做功，离开金属表面逃逸出来，成为光电子。不论是独立使用还是并网发电，光伏发电系统主要由太阳能电池板（组件）、控制器和逆变器三大部分组成，它们主要由电子元器件构成，不涉及机械部件。太阳能电池经过串联后进行封装保护，可形成大面积的太阳能电池组件，再配合上功率控制器件等部件就形成了光伏发电装置。

实验一　独立光伏发电系统认识

独立光伏发电系统是相对于并网发电系统而言的，属于孤立的发电系统。孤立系统主要应用于偏远无电地区，其建设的主要目的是解决无电问题。其供电可靠性受气候气象环境、负荷等因素影响很大，供电稳定性也相对较差，很多时候需要加装能量储存和能量管理设备。

一、实验目的和要求

了解并掌握独立光伏发电系统工作原理、相关设备的使用方法。

二、实验仪器

以修业楼太阳能技术及应用实验室独立光伏发电系统为例，所需实验仪器：电池组件、一体化控制器和逆变器、显示器等。

三、实验原理

独立型光伏系统（以修业楼太阳能技术及应用实验室独立光伏发电系统为例）由电池组件 PV 阵列、充电控制器、逆变器、蓄电池等部件组成（原理图如图 6-1-1 所示）。

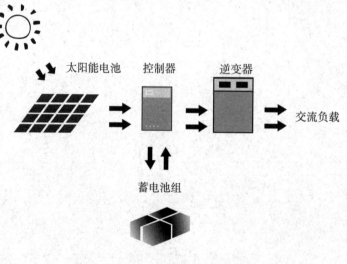

图 6-1-1　独立型光伏系统的原理图

本系统由太阳电池组件、跟踪控制系统、控制器、逆变器、蓄电池等部分组成。太阳电池组件在太阳光的照射下产生直流电流；而充电控制器则协调太阳能电池板、蓄电池和负载的工作，具有自动防止太阳能光伏系统的储能蓄电池过充电和过放电的功能；蓄电池在系统中的作用就是存储能量，还能对系统起着调节电量、稳定输出的作用；逆变器的作用是将蓄电池的直流电转变为适合负载使用的正弦波交流电，逆变器输出的交流电能进入配电柜；在配电柜内装有用于输出控制、过流保护、防雷保护等器件。

（1）系统组成及功能。独立光伏发电系统由光伏电池方阵、控制器、并网逆变器、蓄电池组成。

（2）太阳能电池板。太阳能电池板是太阳能发电系统中的核心部分，也是太阳能发电系统中价值最高的部分。其作用是将太阳的辐射能力转换为电能，或送往蓄电池中储存起来，或推动负载工作。其转换和使用寿命是决定太阳能电池是否具有使用价值的重要因素。ZS-GF-P01 单晶硅电池组件参数见表 6-1-1 所列，性能如图 6-1-2 所示，机械特性如图 6-1-3 所示，I–U 特性如图 6-1-4 所示。

表6-1-1 ZS-GF-P01单晶硅电池组件参数

最大输出功率	250W
开路电压	38.822V
短路电流	8.835A
最大输出电压	30.354V
最大输出电流	8.236A
外形尺寸	1640mm × 990mm × 40mm

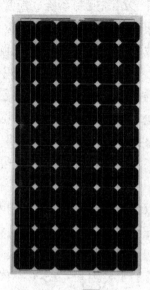

图 6-1-2　ZS-GF-P01 单晶硅电池组件性能

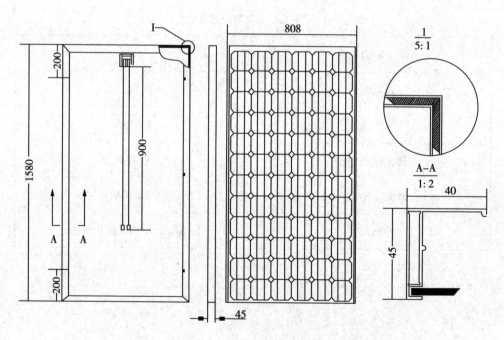

图 6-1-3　ZS-GF-P01 单晶硅电池组件机械特性

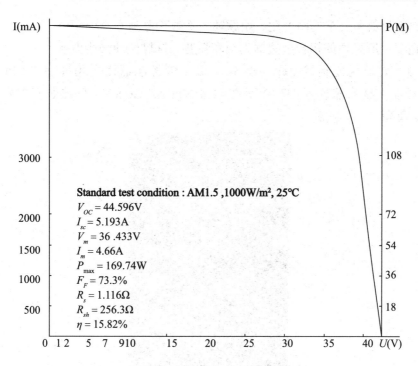

图 6-1-4　ZS-GF-P01 单晶硅电池组件 I-U 特性

①组件设计：按国际电工委员会 IEC 1215∶1993 标准要求进行设计，采用 36 片或 72 片多晶硅太阳能电池进行串联，以形成 12V 和 24V 各种类型的组件。该组件可用于各种户用光伏系统、独立光伏电站和并网光伏电站等。

②原材料特点。

电池片：采用高效率（16.5% 以上）的单晶硅太阳能片封装，保证太阳能电池板发电功率充足。

玻璃：采用低铁钢化绒面玻璃（又称为白玻璃），厚度为 3.2mm，在太阳电池光谱响应的波长范围内（320 ～ 1100nm）的透光率达 91% 以上，对于大于 1200 nm 的红外光有较高的反射率。此玻璃同时能耐太阳紫外光线的辐射，透光率不下降。

EVA：以加有抗紫外剂、抗氧化剂和固化剂的厚度为 0.78mm 的优质 EVA 膜层作为太阳电池的密封剂，这是与玻璃、TPT 之间的连接剂，具有较高的透光率和抗老化能力。

TPT：太阳电池的背面覆盖物——氟塑料膜为白色，对阳光起反射作用，因此对组件的使用效率略有提高。其所具有的较高的红外发射率，可降低组件的工作温度，也有利于提高组件的使用效率。当然，此氟塑料膜首先具有太阳电池封装材料所要求的耐老化、耐腐蚀、不透气等基本要求。

边框：所采用的铝合金边框具有高强度，抗机械冲击能力强。

（3）太阳能控制器（图6-1-5）。太阳能控制器由专用处理器CPU、电子元器件、显示器、开关功率管等组成。PRNZ-3000VA型控制器参数见表6-1-2所列。

图 6-1-5   太阳能控制器

表6-1-2   PRNZ-3000VA型控制器参数

参数名称	数值
交流输入	180~265V，38~65Hz
交流输出	220V，50Hz
直流电压	24V
充电电压	27.4V
充电电流	30A

主要特点：

①采用单片机和专用软件，实现智能控制。

②具有过充、过放、电子短路、过载保护、独特的防反接保护等全自动控制。

③直观的 LED 发光管指示当前电池状态，用户可实时了解使用情况。

④采用工业芯片，可在寒冷、高温、潮湿的环境中自由运行。同时采用晶振定时控制，定时控制准确。

⑤使用 E 存储器记录每个工作控制点，使设置数字化，消除因电位器振动偏差和温度漂移而降低控制点误差的准确性和可靠性的因素。

⑥使用数字 LED 显示和设置，所有设置都可以通过一键操作完成。极其方便直观的功能是控制整个系统的工作状态，对电池起到过充放电保护的作用。在温差较大的地方，合格的控制器还应具有温度补偿的功能。

（4）逆变器。太阳能的直接输出一般都是 12VDC、24VDC、48VDC。为能向 220VAC 的电器提供电能，需要将太阳能发电系统所发出的直流电能转换成交流电能，因此需要使用 DC-AC 逆变器。

逆变器是将直流电转换成交流电的设备。由于太阳能电池和蓄电池是直流电源，当负载是交流负载时，逆变器是必不可少的。

逆变器按运行方式，可分为独立运行逆变器和并网逆变器。独立运行逆变器用于独立运行的太阳能电池发电系统，为独立负载供电。并网逆变器用于并网运行的太阳能电池发电系统。逆变器按输出波形可分为方波逆变器和正弦波逆变器。方波逆变器电路简单，造价低，但谐波分量大，一般用于几百瓦以下和对谐波要求不高的系统。正弦波逆变器成本高，但可以适用于各种负载。

逆变器的保护功能：过载保护、短路保护、接反保护、欠压保护、过压保护、过热保护。

（5）蓄电池。一般分为铅酸电池和胶体电池，小微型系统中，也可用镍氢电池、镍镉电池或锂电池。其作用是在有光照时将太阳能电池板所发出的电能储存起来，到需要的时候再释放出来。

（6）独立光伏系统的优点。

①太阳能取之不尽，用之不竭，地球表面接受的太阳辐射能，能够满足全球能源需求的 1 万倍。只要在全球 4% 沙漠上安装太阳能光伏系统，所发电力就可以满足全球的需要。太阳能发电安全可靠，不会遭受能源危机或燃料市场不稳定的冲击。

②太阳能随处可处，可就近供电，不必长距离输送，避免了长距离输电线路的损失。

③太阳能不用燃料，运行成本很低。

④太阳能发电没有运动部件，维护简单，特别适合于无人值守的情况下使用。

⑤太阳能发电不会产生任何废弃物，没有污染、噪声等公害，对环境无不良影响，是理想的清洁能源。

⑥太阳能发电系统建设周期短，方便灵活，而且可以根据负荷的增减，任意添加或减少太阳能方阵容量，避免浪费。

（7）独立光伏系统的缺点。

①地面应用时有间歇性和随机性，发电量与气候条件有关，在晚上或阴雨天就不能或很少发电。

②能量密度较低，在标准条件下，地面上接收到的太阳辐射强度为1000W/M²。大规模使用时，需要占用较大面积。

③价格仍比较贵，为常规发电的 3 ～ 15 倍，初始投资高。

四、实验内容

（1）以太阳能技术及应用实验室中的独立光伏发电系统为例，测量其组件方位角、高度角、组件表面温度。

（2）系统数据测量：在某天天气晴朗的情况下 8：00 ～ 18：00 时间段，每 10min 记录一次光伏电池板输出的电压值和电流值，并计算出功率大小，记入准备好的表格中（表6-1-3），并用 Excel 软件分别画出 I–U 和 P–U 曲线。

表6-1-3　记录表

当 $S=$　　　W/m²，$T=$　　K 时

时刻									
I(A)									
U(V)									
P(W)									

五、实验总结与思考

（1）总结独立光伏发电系统在一天时间内发电曲线的变化。

（2）思考影响独立光伏发电系统的因素并提出几条可行性解决方案。

实验二 丝网印刷法制备栅线电极

一、实验目的

（1）掌握制备电极的方法。
（2）掌握丝网印刷的工艺流程。
（3）了解烧结的作用。

二、实验仪器

实验仪器：丝网印刷机、红外烘干炉、红外快速烧结炉、硅片、浆料。

三、实验原理

制作太阳电池电极的厚膜材料称为太阳电池电极浆料。太阳电池电极浆料通常由金属粉末与玻璃黏合剂混合并悬浮于有机液体或载体中。其中，金属粉末所占的比例决定了厚膜电极的可焊性、电阻率、成本。玻璃黏合剂影响着厚膜电极对硅基片的附着力。这种黏合剂通常由硼硅酸玻璃以及铅、铋一类的重金属占很大比例的低熔点、活性强的玻璃组成。另外，太阳电池电极浆料印刷烧结后的厚膜导体必须和半导体基片形成良好的欧姆接触特性，因此，还添加一些特定的掺杂剂。

浆料由专业制造商制造销售，其制造过程通常是将所需的玻璃变成粉料，再用球磨机研磨到适合丝网印刷的颗粒度，大约 1 ～ 3μm。金属粉料用化学方法或超声速喷射制成。这些粉末被放在搅拌器中与有机载体湿混，然后再用三滚筒研磨机混合。

作为丝网印刷用的浆料需要具有触变性，属于触变混合物。在加上压力或（搅拌）剪切应力时，浆料的黏度下降，撤除应力后，黏度恢复。丝网印刷浆料的这种特性叫作触变性。在丝网印刷过程中，浆料添加到丝网上，由于较高的黏度而"站住"在丝网上；当印刷头在丝网掩模上加压刮动浆料时，浆料黏度降低并透过丝网；刷头停止运动后，浆料再"站住"在丝网上，不再做进一步的流动。这样的浆料特别适合于印刷细线图形。

因为浆料的流体特性非常复杂，在添加有机载体调节涂料黏度时要特别注意。黏度容易调到规定值，浆料的其他性质同时也会改变；因此，即使黏度与以前样品相同，也可能会得到不同的参数。浆料的流体特性直接影响着印刷图形的质量。浆料必须具有特殊的屈服性，丝网印刷时在刷头的压力下产生流动，压力撤销后恢复黏度并保持位置。流动性太大时，图形边沿锐度不好，并且会玷污基片。流动性差时，透过性能差，产生另外一类缺陷（图6-2-1）。

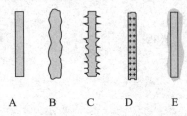

类别	原因
A 理想情况	
B 扩大	黏度太低，屈服点太低
C 边沿不齐	黏度太高，刷头压力太大
D 丝网孔	屈服点太高
E 边沿流出	载体湿润性不好，固体粉末颗粒度太大

图 6-2-1　一些常见的丝网印刷图形缺陷

作为太阳电池的电极材料，应该具有小的厚膜导体电阻以及金属 – 半导体接触电阻。表征金属 – 半导体欧姆接触特性时，使用比接触电阻 R_C 来描述：

$$R_C = \left[\frac{\partial J}{\partial V} \right]_{V=0}^{-1}$$

对于低掺杂半导体，金属比接触电阻表达式为

$$R_C = \frac{k}{qA^*T} \exp\left[\frac{q\varphi_B}{kT} \right]$$

A^* 是理查逊常数，q 是电子电荷，k 是波耳兹曼常数，φ_B 是势垒高度。由于越过势垒的热离子发射支配着电荷传输，较低的势垒高度将获得较低的接触电阻。

在高的掺杂浓度，势垒高度变小，隧道效应变为主要的导电机制，比接触电阻可表示为

$$R_C \approx \exp\left[\frac{4\pi\sqrt{\varepsilon_s m^*}}{h} \left(\frac{\varphi_B}{\sqrt{N_D}} \right) \right]$$

ε_s 是硅的介电常数。大致上 $N_D \geqslant 1019$ cm^{-3} 时，R_C 主要表现为隧道效应，并随着 N_D 的增加迅速地下降。对于势垒高度在 0.6V 左右的金属材料，当硅的掺杂浓度在 1020 cm^{-3} 附近时，R_C 的数值在 $10^{-3} \sim 10^{-4} \Omega \cdot$ cm^2。

四、实验步骤

（1）加入浆料。

（2）刮刀施加压力，朝丝网另一端移动。

（3）丝网与承印物之间保持一定的间隙。

（4）浆料从网孔中挤压到基片上。

（5）丝网的张力产生反作用力。

（6）丝网与基片只呈移动式接触。

（7）刮板抬起，丝网脱离基片。

（8）工作台返回到上料位置，完成一个印刷过程。

（9）烘干、烧结。

五、注意事项

（1）保持印刷平台的清洁。

（2）印刷台上的贴纸要平整、干净。

（3）根据具体情况，及时调整印刷参数。

（4）出现报警时应首先看报警信息显示，然后采取相应措施。

六、思考题

（1）测定印刷压力有哪些方法？

（2）影响印刷压力的因素有哪些？

实验三 太阳电池减反膜的制备

一、实验目的

（1）了解太阳电池减反膜的基本原理。

（2）掌握太阳电池减反膜的制备工艺。

二、实验仪器

实验仪器：正硅酸乙酯、无水乙醇、0.1mol/L 盐酸、硅烷偶联剂。

三、实验原理

（一）减反膜

太阳电池阵正面的太阳能辐射通量（阳光）中，部分被该表面反射掉了，部分透射到电池内部（通过太阳电池盖片进入太阳电池），被转换为电能。通常情况下，裸硅表面的反射率相当大，可将入射太阳光的 30% 以上反射掉，为了最大限度地减小正面的反射损失，目前主要有两种方法，一是将电池表面腐蚀成绒面，增加光与半导体表面作用的次数；二是镀上一层或多层光学性质匹配良好的减反射膜。对空间太阳电池来说，由于其工作环境的特殊要求，为降低工作温度提高效率，应尽可能减少太阳电池对太阳光谱中红外成分的吸收，而绒面对各波段的减反射效果都很好，这样就升高了太阳电池的工作温度，不利于提高其效率。因此对空间太阳电池来说，主要是通过减反射膜系的制备来提高太阳电池的转换效率。一般来说，这类涂层极薄，其光学厚度为波长的四分之一或二分之一。单层减反射膜由于仅对单一波长具有较好的减反射效果，在空间高效太阳电池中常用的是多层减反射膜系，它可对宽谱范围内的太阳辐照产生有效的减反射效果。

减反射膜又称增透膜，它的主要功能是减少或消除透镜、棱镜、平面镜等光学表面的反射光，从而增加这些元件的透光量，减少或消除系统的杂散光。

最简单的增透膜是单层膜，它是镀在光学零件光学表面上的一层折射率较低的薄膜。如果膜层的光学厚度是某一波长的四分之一，相邻两束光的光程差恰好为 π，即振动方向相反，叠加的结果使光学表面对该波长的反射光减少。适当选择膜层折射率，这时光学表面的反射光可以完全消除。

一般情况下，采用单层增透膜很难达到理想的增透效果，为了在单波长实现零反射，或在较宽的光谱区达到好的增透效果，往往采用双层、三层甚至更多层数的减反射膜。

（二）溶胶－凝胶法

溶胶－凝胶法就是用含高化学活性组分的化合物做前驱体，在液相下将这些原料均匀混合，并进行水解、缩合化学反应，在溶液中形成稳定的透明溶胶体系，溶胶经陈化胶粒间缓慢聚合，形成三维网络结构的凝胶，凝胶网络间充满了失去流动性的溶剂，形成凝胶。凝胶经过干燥、烧结固化制备出分子乃至纳米亚结构的材料。

溶胶－凝胶法的化学过程首先是将原料分散在溶剂中，然后经过水解反应生成活性单体，活性单体进行聚合，开始成为溶胶，进而生成具有一定空间结构的凝胶，经过干燥和热处理制备出纳米粒子和所需要材料。

其最基本的反应如下所示。

（1）水解反应：$M(OR)_n + xH_2O \longrightarrow M(OH)_x(OR)_{n-x} + xROH$

（2）聚合反应：$—M—OH + HO—M— \longrightarrow —M—O—M—+H_2O—M—OR +$
$HO—M— \longrightarrow —M—O—M—+ROH$

从反应机理上认识，这两种反应均属于双分子亲核加成反应。亲核试剂的活性、金属烷氧化合物中配位基的性质、金属中心的配位扩张能力和金属原子的亲电性均对该反应的活性产生影响。配位不饱和性定义为金属氧化物总配位数与金属的氧化价态数的差值，它反映了金属中心的配位扩张能力。

四、实验步骤

（1）取46.5g 正硅酸乙酯、90mL 无水乙醇、10mL 0.1mol/L 的盐酸、一定量的硅烷偶联剂；

（2）将所取药品均匀混合；

（3）在55℃下恒温水解6h，得到均匀透明的溶胶；

（4）清洗基片；

（5）在基片上涂覆溶胶，形成溶胶膜；

（6）干燥溶胶膜，形成凝胶膜；

（7）对凝胶膜进行热处理，形成非晶薄膜；

（8）烧结，形成晶态薄膜。

实验四　染料敏化太阳能电池敏化剂的制备

染料敏化太阳能电池（DSC）是一种新型太阳能发电技术。与传统太阳能电池相比，它具有以下优点：①结构简单，易于制造，生产过程简单，易于工业化大批量生产；②能耗低，能量回收周期短；③生产过程无毒、无污染。染料敏化太阳能电池的关键部分是染料敏化剂，其功能是吸收可见光并在染料敏化电池中提供电子。目前，常用的染料敏化剂有：金属配合物染料（多吡啶钌配合物染料、锌卟啉配合物染料、锌酞菁配合物染料），纯有机敏化染料（香豆素染料、三苯胺染料、咔唑染料）。染料敏化剂的未来发展将提高近红外区域的光吸收效率，降低价格成本，使多种染料协同敏化，这些方法可有效提高光电转换效。因此，染料敏化太阳能电池具有广泛的工业应用，并且越来越受到国内外的重视。

一、实验目的和要求

（1）以 TiO_2 太阳能电池为例，了解染料敏化纳米太阳能电池的工作原理及性能特点。

（2）掌握染料敏化太阳能电池光阳极的制备方法以及电池的组装方法。

（3）掌握评价染料敏化太阳能电池性能的方法。

二、实验仪器与试剂

（1）实验仪器：可控强度调光仪、紫外 – 可见分光光度计、超声波清洗器、恒温水浴槽、多功能万用表、电动搅拌器、马弗炉、红外线灯、研钵、三室电解池、铂片电极、饱和甘汞电极、石英比色皿、导电玻璃、镀铂导电玻璃、锡纸、生料带、三口烧瓶（500mL）、分液漏斗、布氏漏斗、抽滤瓶、容量瓶、烧杯、镊子等。

（2）试剂：钛酸四丁酯、异丙醇、硝酸、无水乙醇、乙二醇、乙腈、碘、碘化钾、TBP、丙酮、石油醚、绿色叶片、红色花瓣、去离子水等。

三、实验原理

（1）染料敏化太阳能电池结构。染料敏化太阳能电池结构是一种"三明治"结构，如图 6-4-1 所示，主要由以下几个部分组成：导电玻璃、染料光敏化剂、多孔结构的 TiO_2 半导体纳米晶薄膜、电解质和铂电极。其中，吸附了染料的半导体纳米晶薄膜称为光阳极，铂电极叫作对电极或光阴极。

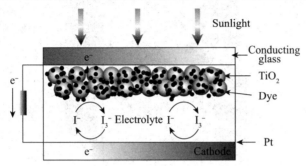

图 6-4-1　染料敏化太阳能电池的结构示意图

（2）染料敏化太阳能电池工作原理。如图 6-4-2 所示，电池中的 TiO_2 禁带宽度为 3.2eV，只能吸收紫外区域的太阳光，可见光不能将它激发，于是在 TiO_2 膜表面覆盖一层染料光敏剂，用来吸收更宽的可见光，当太阳光照射在染料上，染料分子中的电子受激发跃迁至激发态，由于激发态不稳定，并且染料与 TiO_2 薄膜接触，电子于是注入 TiO_2 导带中，此时染料分子自身变为氧化态。注入 TiO_2 导带中的电子进入导带底，最终通过外电路流向对电极，形成光电流。处于氧化态的染料分子在阳极被电解质溶液中的 I^- 还原为基态，电解质中的 I_3^- 被从阴极进入的电子还原成 I^-，这样就完成一个光电化学反应循环。但是反应过程中，若电解质溶液中的 I^- 在光阳极上被 TiO_2 导带中的电子还原，则外电路中的电子将减少，这就是类似硅电池中的"暗电流"。整个反应过程可用如下表示：

①染料 D 受激发由基态跃迁到激发态 D^*：$D + h\nu \longrightarrow D^*$

②激发态染料分子将电子注入半导体导带中：$D^* \longrightarrow D^+ + e^-$

③I^- 还原氧化态染料分子：$3I^- + 2D^+ \longrightarrow I_3^- + 2D$

④I_3^- 扩散到对电极上，得到电子，使 I^- 再生：$I_3^- + 2e^- \longrightarrow 3I^-$

⑤氧化态染料与导带中的电子复合：$D^+ + e^- \longrightarrow D$

⑥半导体多孔膜中的电子与进入多孔膜中的 I_3^- 复合：$I_3^- + 2e^- \longrightarrow 3I^-$

其中，反应⑤的反应速率越小，电子复合的机会越小，电子注入的效率就越高；反应⑥是造成电流损失的主要原因。

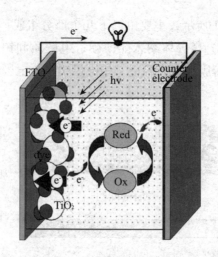

图 6-4-2 染料敏化太阳能电池的工作原理示意图

（3）光阳极。目前，染料敏化太阳能电池常用的光阳极是纳米 TiO_2。TiO_2 是一种价格便宜，应用广泛，无污染，稳定且抗腐蚀性能良好的半导体材料。TiO_2 有锐钛矿型（Anatase）和金红石型（Rutile）两种不同晶型，其中锐钛矿型的 TiO_2 带隙（3.2eV）略大于金红石型的能带隙（3.1 eV），且比表面积略大于金红石，对染料的吸附能力较好，因而光电转换性能较好。因此目前使用的都是锐钛矿型的 TiO_2。研究发现，锐钛矿在低温稳定，高温则转化为金红石，为了得到纯锐钛矿型的 TiO_2，退火温度为 450℃。

（4）染料敏化剂的特点和种类。用于染料敏化太阳能电池的敏化剂染料应满足以下几点要求：①牢固吸附于半导体材料；②氧化态和激发态有较高的稳定性；③在可见区有较高的吸收；④有一长寿命的激发态；⑤足够负的激发态氧化还原势，使电子注入半导体导带；⑥对于基态和激发态氧化还原过程要有低的动力势垒，以便在初级电子转移步骤中自由能损失最小。

目前使用的染料可分为 4 类：

第一类为钌多吡啶有机金属配合物。这类染料在可见光区有较强的吸收能力，氧化还原性能可逆，氧化态稳定性高，是性能优越的光敏化染料。用这类染料敏化的染料敏化太阳能电池保持着目前最高的转化效率，但原料成本较高。

第二类为酞菁和菁类系列染料。引入磺酸基、羧酸基等能与 TiO_2 表面结合的基团的酞菁分子可用作敏化染料。分子中的金属原子可为 Zn、Cu、Fe、Ti 和 Co 等金属原子。它的化学性质稳定，对太阳光有很高的吸收效率，自身也表现出很好的半导体性质。而且通过改变不同的金属可获得不同能级的染料分子，这些都有利于光电转化。

第三类为天然染料。自然界经过长期的进化，演化出了许多性能优异的染料，广泛分布于各种植物中，提取方法简单。因此近几年来，很多研究者都在探索从天然染料或色素中筛选出适合于光电转化的染料。植物的叶子具有光化学能转化的功能，因此，从绿叶中提取的叶绿素应有一定的光敏活性。从植物的花中提取的花青素也有较好的光电性能，有望成为高效的敏化染料。天然染料突出的特点是成本低，所需的设备简单。

第四类为固体染料。利用窄禁带半导体对可见光良好的吸收，可在 TiO_2 纳米多孔膜表面镀一层窄禁带半导体膜。例如，InAs 和 PbS 利用其半导体性质与 TiO_2 纳米多孔膜的电荷传输性能，组成多结太阳能电池。窄禁带半导体充当敏化染料的作用，再利用固体电解质组成全固态电池。但窄禁带半导体严重的光腐蚀阻碍了进一步应用。

（5）电解质。电解质在电池中主要起传输电子和空穴的作用。目前染料敏化太阳能电池电解质通常为液体电解质，主要由 I^-/I_3^-、$(SCN)_2^-/SCN^-$、$[Fe(CN)_6]^{3-}/[Fe(CN)_6]^{4-}$ 等氧化还原电对构成。但液态电解质也存在一些缺点：①液态电解质的存在易导致吸附在 TiO_2 薄膜表面的染料解析，影响电池的稳定性。②溶剂会挥发，可能与敏化染料作用导致染料发生光降解。③密封工艺复杂，密封剂也可能与电解质反应，因此所制得的太阳能电池不能存放很久。要使染料敏化太阳能电池走向实用，须首先解决电解质问题，固体电解质是解决上述问题的有效途径之一。

（6）光阴极。电池的阴极一般由镀了 Pt 的导电玻璃构成。导电玻璃一般用在染料敏化太阳能电池上的有两种，它们分别是 ITO（掺 In 的 SnO_2 膜）和 FTO（掺 F 的 SnO_2 膜）。导电玻璃的透光率要求在 85% 以上，其方块电阻为 $10 \sim 20\Omega/cm^2$，导电玻璃起着电子的传输和收集的作用。I_3^- 在光阴极上得到电子再生成 I^- 离子，该反应越快越好，但由于 I_3^- 在光阴极上还原的过电压较大，反应较慢。为了解决这个问题，可以在导电玻璃上镀上一层 Pt，降低了电池中的暗反应速率，这可提高太阳光的吸收率。

（7）染料敏化太阳能电池性能指标。染料敏化太阳能电池的性能测试目前通用的是使用辐射强度为 $1000\ W/m^2$ 的模拟太阳光，即 AM1.5 太阳光标准。评价的主要指标包括：开路电压（V_{OC}）、短路电流密度（I_{SC}）、染料敏化太阳能电池的 I-U 特性、填充因子（FF）、单色光光电转换效率（$IPCE$）和总光电转换效率（η_{global}）。

开路电压指电路处于开路时染料敏化太阳能电池的输出电压，表示太阳能电池的电压输出能力。短路电流指太阳能电池处于短接状态下流经电池的电流大小，表征太阳能电池所能提供的最大电流。V_{OC} 和 I_{SC} 是染料敏化太阳能电池的重要性能参数，要提高染料敏化太阳能电池的光电性能，就要有高的 V_{OC} 和 I_{SC}。

判断染料敏化太阳能电池输出特性的主要方法是测定其光电流和光电压曲线即 I–U 特性曲线。填充因子是指太阳能电池在最大输出功率（P_{max}）时的电流（I_m）和电压（V_m）的乘积与短路电流和开路电压乘积的比值，是表征因由电池内部阻抗而导致的能量损失。

染料敏化太阳能电池的光电转换效率是指在外部回路上得到最大输出功率时的光电转换效率。对于光电转换器件经常用单色光光电转换效率 $IPCE$ 来衡量其量子效率，$IPCE$ 定义为单位时间内外电路中产生的电子数 N_e 与单位时间内入射单色光电子数 N_p 之比。太阳光不是单色光，包括了整个波长，因此对于染料敏化太阳能电池常用总光电转换效率来表示其光电性能。η_{global} 定义为电池的最大输出功率与入射光强的比。

四、实验内容

（1）TiO_2 溶胶制备。目前合成纳米 TiO_2 的方法有多种，如溶胶 – 凝胶法、水热法、沉淀法、电化学沉积法等。本实验采用溶胶 – 凝胶法。

①在 500mL 的三口烧瓶中加入 1 : 100（体积比）的硝酸溶液约 50mL，将三口烧瓶置于 65℃的恒温水浴中恒温。

②在无水环境中，将 5mL 钛酸丁酯加入含有 2mL 异丙醇的分液漏斗中，将混合液充分震荡后缓慢滴入（约 1 滴 / 秒）上述三口烧瓶中的硝酸溶液中，并不断搅拌，直至获得透明的 TiO_2 溶胶。

（2）TiO_2 电极制备。取 4 片导电玻璃经无水乙醇、去离子水冲洗、干燥，分别将其插入溶胶中浸泡提拉数次，直至形成均匀液膜。取出平置、自然晾干，在红外灯下烘干。最后在 450℃下于马弗炉中煅烧 30min 得到锐态矿型 TiO_2 修饰电极。

（3）染料敏化剂的制备和表征。

叶绿素的提取：

采集新鲜绿色幼叶，洗净晾干，去主脉，称取 5g 剪碎放入研钵，加入少量石油醚充分研磨，然后转入烧杯，再加入约 20mL 石油醚，超声提取 15min 后过滤，弃去滤液。将滤渣自然风干后转入研钵中，再以同样的方法用 20mL

丙酮提取，过滤后收集滤液，即得到取出了叶黄素的叶绿素丙酮溶液，作为敏化染料待用。

花色素的提取：

称取 5g 黄花的花瓣，洗净晾干，放入研钵捣碎，加入 95% 乙醇溶液淹没浸泡 5min 后转入烧杯，继续加入约 20mL 乙醇，超声波提取 20min 后过滤，得到花红素的乙醇溶液，作为敏化染料待用。

染料敏化剂的 UV-Vis 吸收光谱测定：

以有机溶剂（丙酮或乙醇）做空白，在 400 ~ 720nm 范围内以 20nm 为间隔测定叶绿素和花红素的紫外 - 可见光吸收光谱。由此确定染料敏化剂的电子吸收波长范围。

（4）染料敏化电极制备、染料敏化太阳能电池的组装和光电性能测试。

①敏化电极制备。经过煅烧后的 4 片 TiO_2 电极冷却到 80℃左右，分别浸入上述两类染料溶液中，浸泡 2 ~ 3 h 后取出，清洗、晾干，即获得经过染料敏化的 4 个 TiO_2 电极，然后采用锡薄膜在未覆盖 TiO_2 膜的导电玻璃上引出导电极，并用水胶布外封。

②染料敏化太阳能电池组装。分别以染料敏化纳米 TiO_2 电极为工作电极，以空白导电电极为光阴极，将电极与光阴极固定（导电面相对），在其间隙中滴入以乙腈为溶剂、以 0.5mol/L KI+0.5mol/L I_2 + 0.2 mol/L TBP 为溶质的液态电解质，封装后即得到不同染料敏化的太阳能电池。

③光电性能测试。将组装好的染料敏化太阳能电池放入分光光度计样品室中，调节波长，用万用表测电流并记录数据。

五、实验思考

（1）影响染料敏化太阳能电池光 - 电转化效率的因素有哪些？

（2）敏化剂在染料敏化太阳能电池中的作用有哪些？

（3）光阳极的哪些性质会影响电池性能？

（4）与其他太阳能电池比较，染料敏化太阳能电池有哪些优势和局限性？

实验五　染料敏化太阳能电池的制备

一、实验目的

（1）掌握植物色素的提取方法。

（2）熟悉染料敏化太阳能的制备流程。

（3）能简单操作实验所需的各类型仪器。

（4）培养学生做科研的基本素养。

二、实验仪器及药品

实验仪器：导电玻璃、数字万用表、旋转蒸发仪、离心机。

药品：TiO_2 浆料、电解质溶液、丙酮、无水乙醇、提取色素所需各种植物等。

三、实验原理

（一）天然色素的紫外可见光吸收特性

高等可进行光合作用的植物组织内含有大量的色素（叶绿素、叶黄素、类胡萝卜素、花青素），进行光合作用补充植物生长所需要的能量。故该类色素对可见光有良好的吸收作用，且不同色素对可见光的吸收波长范围及吸光值不同。图 6-5-1 给出了不同色素对可见光的吸收特性。

由图 6-5-1 可以看出，不同植物所含色素类型不同，不同类型的色素又对可见光的吸收波段及峰值吸光度不同，实验中应尽可能地选取吸光特性优良的植物及其色素类型。

不同色素对可见光的峰值吸光度不同，表 6-5-1 给出了常见色素的最大吸收峰及其峰值吸光度。

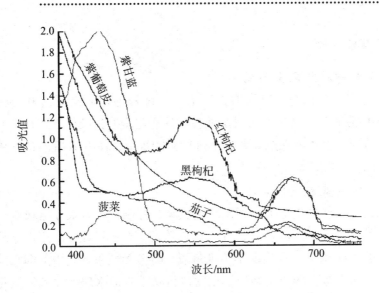

图 6-5-1　不同色素在不同光谱范围下的吸光值

表6-5-1　不同色素的吸收峰值及其峰值吸光度

色素名称	叶绿素 a	叶绿素 b	叶黄素	类胡萝卜素	花青素
吸收峰	452、665	430、642	403	432	545
峰值吸光度	1.51	1.10	1.28	1.97	1.02

（二）染料敏化太阳能电池的工作原理

制备的染料敏化太阳能电池（DSSC），是一个电化学反应过程装置。DSSC 的结构近似三明治，由下到上依次是透明 FTO 玻璃、纳米 TiO_2 薄膜、敏化染料、电解液、对电极；由正极、负极、电解液组成。其中正极为涂布有石墨（或铂）的导电玻璃；负极为涂布有 TiO_2 的导电玻璃；TiO_2 为多孔纳米结构，吸附有染料或光敏剂；电解液为含碘化合物，能够产生 I_2/I^-，被填充在正负极之间。DSSC 太阳能电池是由一系列电子传递过程完成光能——电能转换的。当光线照在负极侧，染料吸收光能，发生电子跃迁，染料被氧化，电子经 TiO_2 半导体传导，流动到负极的导电玻璃片，进入外电路；电子到达正极后，电解液中的 I_2/I^- 氧化还原作用，使得染料被还原到原始状态，这样构成电子回路且循环往复，不断产生电。

四、实验步骤

（一）各种植物色素的提取

将遴选出的各植物剪碎研磨，用 75% 乙醇浸泡 24h 或用超声波在 75% 的乙醇溶液中提取 5h，之后将所得溶液在过滤后完全遮光条件下进行离心，提取上清液。将所得上清液在遮光条件下进行蒸馏浓缩，使得 100mL 的溶液在蒸馏状态下浓缩为 15mL 为宜。

（二）电池基底制作工艺

根据拟定制作的电池大小切割导电玻璃，并制作小方块导电玻璃；在每块导电玻璃的非导电面中心位置打孔（可以用超声波打孔机），注入电解液。为了使制备的 TiO_2 薄膜电极表面不出现龟裂、剥落等现象，先用蒸馏水洗净导电玻璃和带孔对电极上的灰尘杂质，用吹风机吹干表面水珠，放入氢氧化钠、酒精洗液中浸泡 30min 以上，再取出并用蒸馏水洗干净，最后用无水乙醇冲洗表面的剩余有机物等杂质，用吹风机吹干，置于干净处备用，切勿用手触摸玻璃表面。

（三）涂抹 TiO_2 薄膜

取一滴浆料，滴在四周放有塑料薄膜的导电玻璃上，用刀片刮涂，待薄膜自然晾干后移入马弗炉中在 450℃ 烧结 30min，降至 80℃ 后立即浸泡到天然染料中，室温浸泡 24h，染色好的电极取出后，用无水乙醇冲洗并吹干待用。

（四）天然染料的浸染

将烧结过的电极轻置于先前已经提取好的天然染料当中，在 60℃ 下加热 1-2h，即可得到经过天然染料浸染后的光电极（一般配好的天然染料呈酒红色，随着浸染时间延长，FTO 玻璃表面薄膜颜色加深，玻璃背面白色区域消失）。

（五）填充电解质

（1）将 Pt 电极与电源正极连接，FTO 玻璃与电源负极连接，以 H_2PtCl_6 的溶液（每 1L 水中含 0.2g H_2PtCl_6）作为电解质进行电沉积

（2）制得的铂电极在 100℃ 下干燥 10min，再在 400℃ 下烧制 30min。

（六）电池的封装

将两种敏化 TiO_2 光电极分别与打有小孔的 Pt 对电极之间放置一大小合适的 Surlyn 环片，利用恒温热压机将光阳极和对电极黏合在一起，在 Pt 对电极小孔中滴加电解液，使电解液填充于 TiO_2 电极与 Pt 对电极之间，组装成染料敏化太阳能电池。

五、实验注意事项

（1）实验过程中涉及多种药品的使用，必须严格按照实验室操作章程进行实验，避免因不得当操作造成不必要的实验事故。

（2）植物筛选过程尽可能科学化，选择不同色系相比较，形成实验对照。

（3）对花青素含量较多的植物浸泡处理的时候，尽可能采用浓度低的乙醇溶液进行浸泡。

（4）色素的浓缩过程应遮光进行，防止各类色素分解。

（5）浓缩温度不宜过高，防止破坏色素。

（6）在阴阳电极制作之前一定要确定其导电面，在导电面上进行 TiO_2 及铂浆料的涂抹。

（7）浆料涂抹过程应仔细认真，尽可能地使浆料涂抹均匀，以保证电池的光电转换效率。

六、实验思考题

（1）天然色素或敏化剂在 DSSC 电池中的作用有哪些？

（2）光阳极的哪些性质会影响电池性能？

（3）与其他太阳能电池比较，DSSC 电池有哪些优势和局限性？

实验六　CIS 基薄膜太阳电池的制备

太阳能作为一种可再生清洁能源，有着其他能源不可比拟的优势。目前，世界各国正把太阳能的商业化开发利用作为重要的发展方向。其中铜铟硒（$CuInSe_2$，简称 CIS）基薄膜太阳能电池以其优越的综合性能被业内公认为是最具工业化前景的一类薄膜太阳能电池。2016 年 6 月，$CuIn1-xGa_xSe_2$（CIGS）薄膜太阳能电池的实验室光电转换效率纪录再次被打破，达到 22.6%，这一效率将其与多晶硅太阳能电池的光电转换效率差值进一步扩大到 2.2 个百分点（晶硅电池效率的世界纪录为 20.4%）。因此，CIS 基薄膜太阳能电池有望成为下一波太阳能发电投资的重要角色，CIS 基薄膜太阳能电池材料也因此成为当今光伏领域的研究热点。除了对其进行大量实验分析，以解决 $CuInSe_2$ 基薄膜太阳能电池实验室制品与工业产品之间光电转换效率的较大差距外，还利用计算机模拟技术，从实验很难进入的原子和电子层面上，对 $CuInSe_2$ 基薄膜太阳能电池材料进行理论计算和模拟，这将是完善和深化这类电池材料基础理论研究的有效途径和必然选择。

一、实验目的和要求

（1）了解 CIS 基薄膜太阳电池的工作原理及性能特点。

（2）掌握 CIS 基薄膜太阳电池的制备方法以及电池的组装方法。

二、实验仪器与试剂

（1）实验仪器：超声波清洗器、恒温水浴槽、多功能万用表、电动搅拌器、马弗炉、研钵、三室电解池、石英比色皿、导电玻璃、分液漏斗、抽滤瓶、容量瓶、烧杯、镊子等。

（2）试剂：硫酸铟、硫代乙酰胺、三水合硝酸铜。

三、实验原理

（1）铜铟硒薄膜太阳电池的结构。铜铟硒薄膜太阳电池因具有高的转换效率、低的制造成本以及性能稳定而成为光伏界研究热点之一。CIS 以玻璃为衬底介绍铜铟硒薄膜太阳电池的结构，CIS 太阳电池是在玻璃或其他廉价衬底上分别沉积多层而构成的光伏器件，其结构为：光→金属 Al 栅状电极 / 窗口层（CdS）/ 金属背电极（Mo）/ 玻璃衬底，如图 6-6-1 所示。

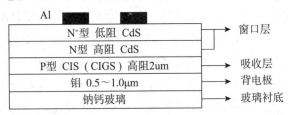

图 6-6-1　CIS 电池结构

CIS 太阳电池已发展了不同的结构，主要差别在于窗口材料的选择，最早是用 CdS 做窗口，其禁带宽度为 2.42eV，通过掺入适量的 ZnS，成为 CdZnS 材料，带隙有所增加。鉴于 CdS 对人体有害，大量使用会污染环境，而且材料本身的带隙偏窄，近年来窗口层改用 ZnO，带宽可达 3.3eV，CdS 只作为过渡层，其厚度为几十纳米。为了增加光的入射率，在电池表面做一层减反膜 MgF_2，有益于电池效率的提高。

图 6-6-2 为 CIS 电池与 NREL 的 CIS 电池光谱曲线的对照情况。从图 6-6-2 可以看出，太阳电池的光谱响应在近红外区增加而在蓝光区减少。较差的短波响应主要由 CdS 层较多的光吸收造成，而好的长波响应说明 CIS 层具有较低的禁带宽。如果要增加短波响应，首先就要降低 CdS 层的厚度。而窗口层制备采用蒸发法，厚度和电阻率的要求很难兼得。国外报道的 CdS 层的制备大都采用水浴法，这是因为水浴法生长的膜更加致密，厚薄更易控制。

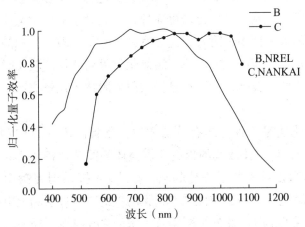

图 6-6-2　CIS 太阳电池的光谱曲线

（2）工作原理。太阳能电池工作原理的基础是半导体 P–N 结的光生伏特效应。所谓光生伏特效应就是当物体受到光照时，物体内的电荷分布状态发生变化而产生电动势和电流的一种效应。当太阳光或其他光照射半导体的 P–N 结时，就会在 P–N 结的两边出现电压，叫作光生电压。可将太阳电池发电过程大致概括为 4 点：①光照射到太阳电池表面；②太阳电池吸收一定能量的光子，激发出非平衡载流子（电子和空穴对）。这些电子和空穴有足够的寿命，在它们被分离之前不会复合消失；③光生载流子在太阳电池内建电场的作用下，电子 – 空穴对被分离，从而产生与内建电场相反的光生电场，即光生电压；④在太阳电池两侧引出电极，接上负载，则在外电路中会产生光生电流。

（3）铜铟硒薄膜太阳电池的制备方法。制备方法大体分为两类：

①以 Cu、In 和 Se 作为原料进行反应蒸发，称为共蒸法。目前采用多元共蒸法成膜工艺，虽然可制备出高水平 CIGS 的电池，但元素的化学配比很难靠蒸发来精确控制，因而电池的良品率不高，产业化的实现比较困难，另外蒸发法原料的利用率低，对于贵金属来说浪费大，不利于降低成本。

②先在基底上生长 Cu、In 层，在 Se 气氛中进行 Se 化，最终形成满足配比要求的 $CuInSe_2$ 多晶薄膜，称为硒化法。硒化法中，Cu、In 的厚度按配比严格控制，成膜方法有溅射、蒸发和电沉积等。硒化过程中使用的原料有 H_2Se+Ar（或 H_2）气体和 $Se+H_2$ 固气混合体两种。H_2Se 气体有剧毒，近年来以固态硒作为原料的硒化法被广泛采用。另外还有其他方法，都是在这两类基础上发展起来的，电池效率做得最高的方法是 Cu+Se 和 In+Se 分别共蒸后再硒化。

目前，发现硒化法中用磁控溅射法成膜更适合于工业化生产，因为：根据溅射速率和时间的控制，可以比较可靠地调节各元素的化学配比，有利于提高重复性；薄膜的致密性高，附着力是蒸发膜的数倍；溅射沉积的薄膜均匀性较好，有益于制造大面积的 CIS 电池；溅射靶材可连续使用较长时间，原料不用经常增添，生产效率较高；大面积磁控溅射成膜技术比较成熟，利于向工业界转移技术。

总之，硒化法是一种行之有效的方法，制备高质量的 CIS 膜是制备高效 CIS 电池的保证，但整体效率的提高还需整体的配合及各环节的严格把关。玻璃基底的选择和钼衬底的制备是基础；在蒸 Cu 和 In 时保持少量 Se 的蒸发，并迅速升温至硒化温度是获得优质 CIS 膜的关键；窗口层和上电极也是获得高效电池不容忽视的部分。此外，刚制备出来的 CIS 电池，经测试，其 I–U 特性基本是直线，开路电压 V_{oc} 很低，短路电流的密度也很小。退火后器件表现出二极管特性，开路电压增长几十倍，短路电流也有很大提高。由此表明，退火前，异质结漏电严重，几乎没有结特性；而经过空气退火，减少了漏电，异质结才真正地建立起来，不仅有二极管特性，而且开路电压和短路电流都得到大幅度的提高。通过 XRD（X 射线衍射）测试显示：经过退火的 5 片电池，有 4 片出现氧化亚铜峰，而未经退火的 CIS 电池，却没有氧化亚铜峰值出现。这是由于 CIS 与 CdS 结区内的晶格缺陷及微空洞造成某些金属游离原子产生了短路，使得结区漏电严重，而空气退火使得这些金属原子被氧化而绝缘，减少了漏电，使得电池性能得到改善。CIGS 薄膜由于掺杂了 Ga 元素，其结晶状况平整度和致密性都有很大改善，因此刚制备出来的 CIGS 电池的性能明显好于 CIS 电池。由此可见，注意薄膜材料的致密性是改善结特性的关键之一。

（4）影响铜铟硒薄膜太阳电池光电转换效率的各种因素。

①光学损失：由于光照射到电池板上，在正反两面发生的反射、透射等现象，或能量小于或大于半导体的禁带宽度的光子未被吸收。

②光激发电子 – 空穴对的复合：复合损失不仅影响电流收集，而且影响正向偏压注入电流。复合经常是按照它在电池中发生的区域分类。如在表面的复合称为表面复合，电池内部的复合称为体复合，体复合是电池的主要复合，在耗尽区的复合称为耗尽区复合。

（5）提高光电转换效率的措施。

①光照面使用减反膜；利用表面刻蚀减少反射；增加电池厚度提高光吸收。

②利用钝化技术减少表面缺陷，从而降低表面复合，也可采用提高掺杂的方式降低表面复合。

（6）铜铟硒薄膜太阳电池的特点。

①光电转换效率高：美国国家可再生能源实验室（NREL）研制的 CIS 电池的转换效率为 18.8%，已接近多晶硅太阳电池的最高水平；西门子公司（SSI）制造的大面积组件（3850cm²）的效率为 11.2%（输出 43.1Wp），是薄膜太阳的最高纪录。

②成本低：衬底使用玻璃或其他廉价材料，薄膜厚度仅为 2 ~ 3μm，采用大面积连续化制造成膜工艺，生产量为 1.5MWp 的成本，是晶体硅电池的 1/3 ~ 1/2，能量偿还时间在一年之内，比晶体硅的 4 ~ 5 年大大缩短了时间。

③性能稳定：电池组件不存在光致衰退问题，西门子公司制备的 CIS 电池组件在 NREL 室外测试设备上考验 7 年，结果证明其原有性能没有任何衰减。

④抗辐射能力强：美国贝尔公司做过电子、质子等辐照实验，温度交变实验，振动、加速试验，经过地面考核实验的同类电池装在 Lips 卫星上并在空间

运行一年，不但证明抗辐照性能好，而且稳定性也好，很有希望作为下一代空间电源的候选者。

四、实验内容

（1）硫酸铟（0.025 mol/L，0.5179 g），硫代乙酰胺（0.25 mol/L，0.7512 g）分别溶解于 40mL 三次去离子水中，形成均质溶液。在室温下将两种溶液混合均匀，倒入干燥器中的自制聚四氟乙烯小槽，将载玻片垂直插入溶液，并将干燥器密封。反应 72 h（48 h）后取出载玻片，用三次去离子水冲洗载玻片的表面，自然晾干后表征。改变硫化铟的量，使前驱体溶液中的 In/S 为 1 ∶ 4 和 1 ∶ 2，重复上述实验，研究不同 In/S 比及反应时间对 In_2S_3 薄膜的影响。

（2）将三水合硝酸铜（0.025 mol/L、0.2416 g）完全溶解于 80 mL 三次去离子水中，形成均质溶液。在室温下将溶液倒入干燥器中的自制聚四氟乙烯小槽中，待液面静止后，取 20mL BSA 的氯仿溶液（浓度为 $1mM^{-1}$），均匀的滴加在反应溶液的表面，静置 20 min。将一个盛有 200 mL 氨水溶液的烧杯放置在干燥器中，干燥器密封。反应 24 h 后，采用垂直提拉法将气液界面上的产物转移到硫化铟薄膜上，自然晾干后将薄膜在有氩气保护的管式炉中硫化退火，硫化的温度为 500℃，硫化时间为 30 min。

（3）通过磁控溅射的方法在玻璃衬底上淀积透明导电层 TCO，同时在 TCO 上淀积 P 型非晶硅薄膜，然后通过导电玻璃在 P 型非晶硅薄膜上淀积本征和 N 型非晶硅薄膜，采用磁控溅射的方法在 N 型非晶硅薄膜上淀积中间电极 TOC 透明导电薄膜，其中磁控溅射时，掩模的窗口尺寸决定着 TOC 中间电极的尺寸，最后通过激光开通孔后，依次淀积 P 型非晶硅和金属背电极，即可形成铜铟硒薄膜太阳电池结构。

五、实验思考

（1）哪些性质会影响电池性能？

（2）与其他太阳能电池比较，CIS 太阳能电池有哪些优势和局限性？

实验七　太阳能路灯的设计

太阳能道路照明灯不需要架设输电线路或挖沟铺设电缆，不用专人管理和控制，可安装在广场、停车场、高尔夫球场、校园、公园、街道和高速公路等任何地方。

一、实验目的与要求

（1）电池板功率的计算和选用。

（2）蓄电池容量、充放电控制和充放电状态显示。

（3）连续阴雨天三天，路灯仍能照明。

（4）光线暗时路灯自动点亮，为节省电能晚上1点熄灭，早上5点路灯点亮，早上光线强时路灯自动熄灭（开关灯时间点可调）。

（5）系统断电时可以保存用户所设定的各种参数。

二、实验器材

实验器材：太阳能电池板组件、蓄电池、照明负载、电线杆、绝缘胶带、导线、电源开关、控制器等。

三、实验原理

（1）总体框架。太阳能路灯在白天通过太阳能电池组件采集太阳光的能量，并将其转化为电能存储起来，即向蓄电池充电，在晚上光线较暗时由蓄电池经路灯控制处理器控制，点亮 LED 灯，用于路灯照明。

根据各部分电路的功能不同，整体电路可以分为以下几个部分，太阳能电池板组件、过充过放电控制电路、STC12C2051 单片机、蓄电池、时控光控电路、照明负载和时间显示电路。系统总体方框图如图 6-7-1 所示。

太阳能电池板通过 7805 稳压电路为单片机供电，并为蓄电池充电。当蓄电池电压较低时，其容量损耗得很快，使用寿命也会缩减，为延长蓄电池的寿命，要防止蓄电池出现过充或过放，因此本电路加有过充过放控制电路。

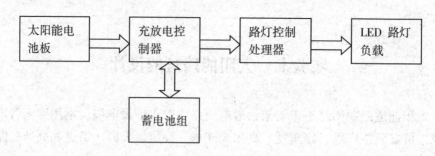

图 6-7-1 系统总体方框图

（2）电源电路。电源电路如图 6-7-2 所示。系统太阳能供电，24V 蓄电池电压经过 7805 稳压后产生 5V 电压，作为控制器的主电源。电容 C_2、C_3 作为高频旁路电容，将高频信号旁路到地。同样，电容 C_1、C_4 为滤波电容。

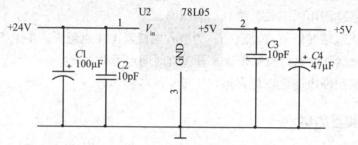

图 6-7-2 电源电路

（3）太阳能电池板组件。直接将太阳的光能转换成电能的利用方式，太阳能电池阵列的伏安特性具有强烈的非线性。太阳能电池阵列的额定功率是在以下条件下定义的：当日射 $S=1000W/m^2$；太阳能电池温度 $T=25℃$；大气质量 $AM=1.5$ 时，太阳能电池阵列输出的最大功率便定义为它的额定功率。太阳能电池阵列额定功率的单位为"峰瓦"，记以"Wp"。

为了让太阳能电池组件在一年中接收到的太阳辐射能尽可能得多，要为太阳能电池组件选择一个最佳倾角。关于太阳能电池组件最佳倾角问题的探讨，近年来在一些学术刊物上出现得不少。

通过 Hay 模型的计算，我们可以得到的不同倾角平面的月平均太阳辐照量变化。在不同角度倾斜面上，太阳辐照量差别较大，要为电池板选择合适的倾角，使其能获得最大的太阳辐照量。

太阳能电池板分为单晶硅和多晶硅两种，多晶硅的面积较大，发电效率没有单晶硅的高，因此根据需要，本设计采用 70W 单晶硅太阳能电池组件。

（4）蓄电池。蓄电池组是太阳能电池方阵的储能装置，其作用是将方阵在有日照时发出的多余电能储存起来，在晚间或阴雨天时供负载使用。蓄电池组由若干蓄电池串并联而成。一般容量要能在无太阳辐射的日子里，满足用户要求的供电时间和供电量。目前常用的是铅酸蓄电池，重要的场合也有用镉镍蓄电池，但价格较高，相对来说应用没有前一种广泛。

蓄电池是一种化学电源，它将直流电能转变为化学能并储存起来，需要时再把化学能转变为电能释放出来。能量转换过程是可逆的，前者称为蓄电池充电，后者称为蓄电池放电。在光伏发电系统中，蓄电池对系统产生的电能起着储存和调节作用。由于光伏系统的功率输出每天都在变化，在日照不足、发电很少或需要维修光伏系统时，蓄电池也能够提供相对稳定的电能。

在光伏发电系统中，蓄电池处于浮充放电状态，夏天日照量大，方阵给蓄电池充电；冬天日照量小，这部分储存的电能逐步放出。在这种季节性循环的基础上还要加上小得多的日循环：白天方阵给蓄电池充电，晚上负载用电，则全部由蓄电池供给。因此要求蓄电池的自放电要小，耐过充放，而且充放电效率要高，当然还要考虑价格低廉、使用方便等因素。

蓄电池的循环寿命主要由电池工艺结构与制造质量所决定。但是使用过程和维护工作对蓄电池寿命也有很大影响，有时是重大影响。首先，放电深度对蓄电池的循环寿命影响很大，蓄电池经常深度放电，循环寿命将缩短。其次，同一额定容量的蓄电池经常采用大电流充电和放电，对蓄电池寿命都产生影响。大电流充电，特别是过充时极板活性物质容易脱落，严重时使正负极板短路；大电流放电时，产生的硫酸盐颗粒大，极板活性物质不能被充分利用，长此下去，电池的实际容量将逐渐减小，这样使用寿命也会受到影响。

本电路采用铅酸免维护蓄电池，不需专门维护；即便倾倒电解液也不会溢出，不向空气中排放氢气和酸雾；安全性能更好。但是对蓄电池的过充电更为敏感，因此对过充保护要求高；当长时间反复过充电后，蓄电池极板易变形。

（5）照明负载。由于 LED 是直流供电器件，很容易制成直流灯具，广泛应用于直流系统，如太阳能灯具产品。超高亮白光 LED 应用于太阳能灯具，单个束光型超高亮度 LED 发光管产生的光线方向性太强，综合视觉效果较差，因此应首选平光型超高亮 LED 或平光型与束光型超高亮 LED 组合，将多个 LED 集中于一起，排列组合成一定规则的 LED 发光源。超高亮白光 LED 发光源既要保证有一定的照射强度，又要使其具有较高的光效，然而电流增大，一方面光通量虽然随之增大，但是另一方面电流的增加会引起光源热损耗的增加，通常导致管温增加，其综合效果是光效降低，所以光通量和光效的交合点为最佳工作点，一般为 17.5mA。

超高亮白光 LED 发光源具有如下优点：

①寿命长。LED 的寿命长达 100 000h，而白炽灯的寿命一般不超过 2000 h，荧光灯的寿命也不过 5000 h 左右。

②效率高。相对于传统的第一代照明光源白炽灯，LED 的功耗只有前者的 10%～20%。

③绿色环保。与广泛使用的第二代照明荧光灯相比，LED 不含汞、无频闪，是一种环保光源。

④耐低温。环境使用温度在 –40～80℃，环境适应性非常强。

本设计采用的单个高亮管的正常工作电压为 3.3V，共采用 28 个 1W 高亮管，每 7 个高亮管串联成一组，共四组并联在电路中，这样也可以减少当电路中的某一个高亮管出现故障时对其他高亮管的影响。因为高亮管的直射效果好，所以灯具的体积要尽量小一些，这样可以使高亮管的照射范围更大一些，尽量选用照射角度大一些的高亮管。

（6）蓄电池和太阳能板的选用。该电源给路灯供电，该路灯的工作电压为 24V，工作电流约 1.2A。由于路灯一天要工作 8 个小时左右，考虑连续阴天 3 天情况下系统的供电，后备电源须具有 24h 的供电能力，且按 80% 的放电率计算，则蓄电池的容量如公式（1）为

$$Q_x=(T_x \times I_s)=(24 \times 1.2)/0.8=36(Ah) \tag{1}$$

式中，Q_x——蓄电池容量；

T_x——蓄电池放电时间；

I_s——设备工作电流。

因此，应选用 24V/36Ah 免维护蓄电池。

有日照时，要求太阳能板给蓄电池充电，每天有效充电时间 8h，两天充满，则可计算出太阳能板输出的功率，如式（2）：

$$P=24I_c=V_g \left[Q_x+Q_s \times (D-1) \right] / (T_c \times D)$$
$$=24Q_x/T_c=24 \times (36+9.6)/16=68.4（W） \tag{2}$$

式中，Q_x——蓄电池容量；

D——充满电需要的天数；

Q_s——日耗蓄电池容量；

V_g——设备工作电压；

T_c——充满电所用的时间。

则太阳能板取 24V/70W。

太阳能 LED 灯具的具体技术指标见表 6-7-1 所列。

表6-7-1　太阳能LED灯具的主要性能指标

太阳能电池	70W，24 V
LED 发光源	28 只 LED、每只 1 W
工作温度	（-40 +80）℃
过充保护电压	26 V(25C)
过放保护电压	22 V
蓄电池	24 V，36Ah
照明时间	天黑后，光控自动启动电光转换功能，使路灯点亮；在深夜（时间点可调），光控自动使路灯熄灭；在早晨（时间点可调），光控自动使路灯点亮；天亮后，光控自动恢复到光电转换模式
阴雨天保证时间	保证连续 3 个阴雨天正常工作

四、实验内容

（1）计算所需的 LED 路灯功率。

（2）计算所需的太阳能功率。

（3）计算所需的蓄电池组。

（4）设计电路。

（5）连接实际电路。

五、实验总结与思考

（1）太阳能路灯设计中的不足之处有哪些？

（2）如何保持太阳能电池的清洁？

实验八 光伏电站电能质量检测

　　根据电压等级，光伏电站分为三类：一是接入电压等级为 66kV 及以上的电网的光伏发电站称为大型光伏电站；二是接入电压等级为 10 ~ 35kV 的电网的光伏发电站称为中型光伏电站；三是接入电压等级为 0.4kV 的低压电网的光伏电站称为小型光伏电站。光伏电站由四个部分组成：光伏电池阵列、逆变器、升压变压器、控制保护装置，其发电以及接入电网的过程就是首先通过光伏电池阵列将光能转变为电能，电能以直流电的形式通过逆变器转变为交流电输出，此时的交流电是低压交流电，然后通过升压变压器将交流电的电压升压，最终接入电网。一个光伏电站的发电功率通过此发电站的光照量来衡量。光伏发电受环境的影响使其存在高次谐波含量和造成发电功率不稳定性，从而影响到光伏发电的电能质量。

　　光伏电站产生的谐波、高次谐波含量以及其发电功率的不稳定性都给接入电网带来了不小的污染。所以光伏电站接入电网必须在并网点接入电能质量监测装置，长期对光伏电站并网点进行监测，并保存历史数据以供分析。具体的应用如图 6-8-1 所示。

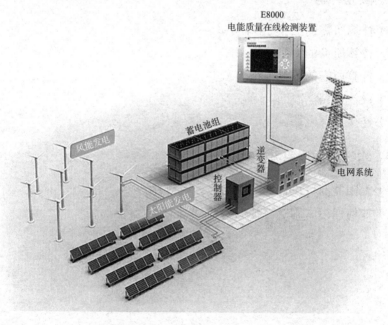

图 6-8-1　光伏电站的具体应用

一、实验目的和要求

（1）系统地了解并掌握光伏电源并网时相关供配电系统参数和运行状况。

（2）了解并掌握光伏电源并网时对电网的电能质量产生的影响。

二、实验原理

（1）光伏并网电能质量评估依据的标准。

GB/T 19939—2005《光伏系统并网技术要求》；

《国家电网公司光伏电站接入电网技术规定（试行）》；

GB/T 14549—1993《电能质量　公用电网谐波》；

GB/T 12325—2008《电能质量　供电电压偏差》；

GB/T 15945—2008《电能质量　电力系统频率偏差》；

GB/T 12326—2008《电能质量　电压波动和闪变》；

GB/T 15543—2008《电能质量　三相电压不平衡》。

（2）光伏电源并网的测试评估技术方案。当电能质量出现越限状况，光伏系统与电网安全断开。按照以下规定计算各并网点的电能质量限值：

①电压偏差。光伏电站接入电网后，公共连接点的电压偏差应满足 GB/T 12325—2008《电能质量　供电电压偏差》的规定。

②频率。光伏电站接入电网后，公共连接点的频率运行偏差应满足 GB/T 15945—2008《电能质量　电力系统频率偏差》的规定。

③谐波和波形畸变。光伏电站接入电网后，公共连接点的谐波电压和公共连接点处的总谐波电流分量（方均根）均应满足 GB/T 14549—1993《电能质量　公用电网谐波》的规定。

④电压波动和闪变。光伏电站接入电网后，公共连接点处的电压波动和闪变应满足 GB/T 12326—2008《电能质量　电压波动和闪变》的规定。

光伏电站在公共连接点单独引起的电压闪变值应根据光伏电站安装容量占供电容量的比例以及系统电压而定，按照 GB/T 12326—2008《电能质量　电压波动和闪变》的规定分别按三级做不同的处理。

⑤功率因数。当光伏系统中逆变的输出大于其额定输出的 50% 时，平均功率因数应不小于 0.90（超前或滞后）。

⑥电压不平衡度。光伏电站接入电网后，公共连接点的三相电压不平衡度应不超过 GB/T 15543—2008《电能质量　三相电压不平衡》规定的限值。

（3）测试设备。电能质量测试要求测试仪器轻便、便于移动，电压测量线安全、可靠和方便，电流测量采用高精度、宽频带钳式传感器，针对供配电系统的谐波及无功特性，需要准确分析及判断用电设备产生的谐波及无功潮流。一般测试分析系统功能见表6-8-1所列。

表6-8-1　电能质量测试分析系统功能

编号	功能	编号	功能
1	系统频率分析	12	电压变动分析
2	电压有效值分析	13	电压变动频度分析
3	电压偏差分析	14	基波负序电压分析
4	电压总畸变率分析	15	基波电流有效值分析
5	基波电压及 2～100 次谐波电压相位分析	16	电流总谐波含量分析
6	2～100 次谐波电压含有率分析	17	基波电流及 2～50 次谐波电流相位分析
7	三相电压不平衡度分析	18	2～50 次谐波电流含量分析
8	短时电压闪变分析	19	基波负序电流分析
9	长时电压闪变分析	20	有功冲击、无功冲击分析
10	最大电压下降分析	21	有功、无功、视在功率及功率因数分析
11	电压变动分析		

（4）测试方式。

电压信号：在 PT 上接电压测试线，引入 PQ216 测试接口箱。

电流信号：在各测试点的 CT 上经由电流钳，将 CT 二次侧信号通过电流钳钳口转接至 PQ216 测试接口箱。

测试接线方法示意图，如图 6-8-2 所示。

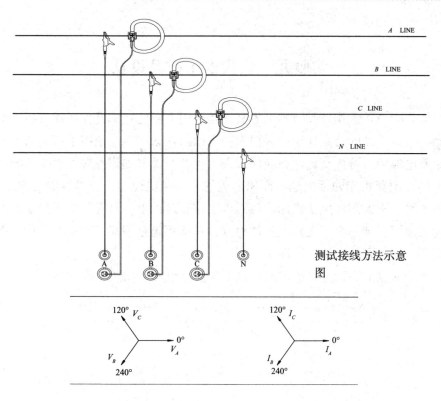

测试接线方法示意图

图 6-8-2　测试接线方法示意图

三、实验内容

（1）测量电压不平衡度、谐波、电压波动和闪变等。

（2）有功和无功特性。

实验九　光伏电子产品设计

太阳能电子应用产品，顾名思义即是利用太阳能技术开发而成的各类电子产品。这类产品的特点在于白天把太阳光照射在太阳能电池组上产生的电能存储于蓄电池中，再由蓄电池在晚间或白天为各类负载提供电源。根据负载的大小不同，配套相应的蓄电池、面积合适的太阳能电池组，再加以适当的光控、时控电路，则太阳能电子应用产品即可工作。理论上，只要是太阳照得到的地方均可使用。越是电网无法送达的地方，其优势越是明显。其最大的优点在于安全、节能、方便、清洁、环保。

一个典型的太阳能电子产品由以下四部分组成，如图 6-9-1 所示。

图 6-9-1　典型太阳能电子产品的组成

下面，分别介绍、分析以上四部分。

一、太阳能电池的种类、效率、价格

目前，应用最广的太阳能电池是硅光电池。根据硅材料制成的晶体取向、纯度等，硅光电池区别为单晶硅或多晶硅光电池组两种。实质上，硅光电池就是一个大面积的 P-N 结阵列，其原理、光谱响应特性与二极管相同。当受光面受到太阳光照射时，在 P-N 结的两边就逐渐积累起光电子和光生空穴，产生内电场，最终建立起稳定的电位差，这被称为光生电动势，也就是常说的光生伏特效应。在太阳常数为 AM 为 15（辐照 1000W/m²，组件 25℃）的条件下，每片硅光电池的开路电压为 0.45 ～ 0.60V，短路电流为 30mA/cm²。单片太阳电池输出电压低，电流小，不能作为带负载的电源。硅光电池串联使用时可提高电压，并联使用时可增大电流。串联级数越多，电压越高；并联面积越大，电流越大。在实用经验上，单节 12V 可充电电池应选 5 片硅光电池串联，两节 2.4V 的则可取 9 片硅光电池串联，而面积的大小可根据负载需要来选取。

下面是某太阳能电池生产厂家的两组数据（表6-9-1）。

表6-9-1 某太阳能电池生产厂家的两组数据

型　号	SF100M6-18/ SF100P6-18			SF190M6-27/ SF190P6-27		
最大功率	90W	100W	110W	180W	190W	200W
开路电压	21.44V	21.60V	21.75V	33.02V	33.2V	33.39V
短路电流	6.00A	6.43A	6.83A	7.75A	7.93A	8.12A
最大输出电压	15.99V	16.81V	17.52V	27.01V	27.19V	27.39V
最大输出电流	5.63A	5.95A	6.28A	6.66A	6.98A	7.30A
受光面积	1440mm × 654mm			1494mm × 1000mm		
125mm × 125mm 单晶硅电池						
型　号	效　率	功率/片	电流/片	电压/片	短路电流	开路电压
SF125-A1	17.0～17.2	2.65W	5.04A	0.525V	5.58A	0.623V
………B1	16.0～16.2	2.49W	4.81A	0.518V	5.23A	0.619V
………C1	15.0～15.2	2.34W	4.59A	0.509V	5.08A	0.613V
………D1	14.0～14.2	2.18W	4.38A	0.498V	4.96A	0.606V

二、蓄电池的容量、种类及性价比

由于太阳能光伏电池的输出能量不稳定，所以要配置蓄电池系统才能正常工作。与太阳能配套的电池有铅酸蓄电池、Ni-Cd 蓄电池、Ni-MH 蓄电池、Li 蓄电池、储能电容等。蓄电池的选择，直接影响到系统的可靠性、性价比，通常应遵循以下原则：第一要与太阳电池组件面积大小配套，第二要与负载的大小及连续工作时间相适应，第三要考虑应用场所的环境保护。铅酸蓄电池一般与大负载配合，Ni-MH 蓄电池多与微型负载如草坪灯、庭院灯具配合，而Ni-CA 蓄电池因生产和使用均容易造成污染，而已被严禁使用，Li 蓄电池、储能电容因价格太贵，故其应用场所有限。目前，使用最多的仍是铅酸蓄电池、Ni-MH 蓄电池。在实际应用中，铅酸蓄电池常用在 6V、1Ah 以上，Ni-MH 蓄电池则用在 6V、1Ah 以下。

三、控制电路

无论太阳能应用电子产品大小、复杂程度如何，一个性能良好的充放电控制电路是必不可少的。对一个完整的太阳能产品来说，控制电路是连接太阳能电池组、蓄电池、负载的纽带。没有一个性能良好的充放电、用电控制电路，就不可能有一个性能良好的太阳能应用电子产品。比如说照明类产品，若使用蓄电池，就要考虑光控还是时控，抑或是光控加定时，还要考虑防过充电、防过放电、防反充电、防反接及温度补偿措施等。对 1W 以下的产品往往使用 Ni–MH 电池，这时，充电、用电时间、节能等就显得尤为重要了。对光伏发电系统、风光互补发电工程等大型装置而言，又必须对可靠性、效率、环境保护做重点研究才行。

四、负载

太阳能电池组应用产品门类广泛，仅 2002—2003 年度无锡尚德太阳能公司就推荐了 130 种各式各样的太阳能电子产品。其实，大到天上运行的卫星，小到马路上斑马线附近的太阳能黄闪灯，都是太阳能产品。下面简单列出一些以供参考（表 6-9-2）。

表6-9-2　太阳能产品

工程类	光伏发电、风光互补发电
照明类	路灯、草坪灯、庭院灯、黄闪灯、箭头灯、装饰灯、道钉灯、景观灯、星星灯、警示灯、应急灯、护栏灯、航标灯、楼层灯、楼道灯
生活类	杀虫灯、太阳能工艺玩具、太阳能头盔风扇、太阳能伞、太阳能汽车、太阳能工作服、收音机、钟表
其他	太阳能电源、太阳能充电器、太阳能路标、门牌

在太阳能应用电子产品中，照明类产品较多。此类产品一般以 LED、直流高效节能灯、直流低压钠灯作为负载。LED 作为光源，工作电压低，寿命长达 10 000 h，故常被用于草坪灯、道钉灯、护栏灯、庭院灯，圣诞节日灯等场所。在这些场合，首先要考虑的是安全、节能、清洁、环保、方便，不过于追求亮度，所以 LED 当然是首选。在用于城市非主干道或小区照明时，最好选择直流高效节能灯、直流低压钠灯，这主要是因为在亮度、光效方面，LED 还不足以取代它们。单就性价比而言，太阳能应用电子产品并无什么优势，以至于有太阳能节能不节钱之说，但在充分考虑社会效益后，对其作大力、广泛推广的价值还是很明了的。

第七章　创新研究与实践

创新是指以现有的思维模式提出有别于常规或常人思路的见解为导向，利用现有的知识和物质，在特定的环境中，本着理想化需要或为满足社会需求，而改进或创造新的事物、方法、元素、路径、环境，并能获得一定有益效果的行为。

科学研究一般是指利用科研手段和装备，为了认识客观事物的内在本质和运动规律而进行的调查研究、实验、试制等一系列的活动，为创造发明新产品和新技术提供理论依据。科学研究的基本任务就是探索、认识未知。根据研究工作的目的、任务和方法不同，科学研究通常划分为以下几种类型。

（1）基础研究：是对新理论、新原理的探讨，目的在于发现新的科学领域，为新的技术发明和创造提供理论前提。

（2）应用研究：是把基础研究发现的新的理论应用于特定的目标的研究，它是基础研究的继续，目的在于为基础研究的成果开辟具体的应用途径，使之转化为实用技术。

（3）开发研究：又称发展研究，是把基础研究、应用研究应用于生产实践的研究，是科学转化为生产力的中心环节。

基础研究、应用研究、开发研究是整个科学研究系统三个互相联系的环节，它们在一个国家、一个专业领域的科学研究体系中协调一致地发展。科学研究应具备一定的条件，如须有一支合理的科技队伍、必要的科研经费、完善的科研技术装备，以及科技试验场所等。

按照研究目的划分，科学研究可分为以下几种类型。

（1）探索性研究：对研究对象或问题进行初步了解，以获得初步印象和感性认识，并为日后周密而深入的研究提供基础和方向。

（2）描述性研究：正确描述某些总体或某种现象的特征或全貌的研究，任务是收集资料、发现情况、提供信息、描述主要规律和特征。

（3）解释性研究：探索某种假设与条件因素之间的因果关系，探寻现象背后的原因，揭示现象发生或变化的内在规律。

科技创新是原创性科学研究和技术创新的总称，是指创造和应用新知识和新技术、新工艺，采用新的生产方式和经营管理模式，开发新产品，提高产品质量，提供新服务的过程。科技创新可以被分成三种类型：知识创新、技术创新和现代科技引领的管理创新。

实验一　光解水制氢方法研究

　　光解水制氢技术始于 1972 年，由日本东京大学 Fujishima A 和 Honda K 两位教授发现。他们发现在 TiO_2 单晶电极上光催化分解水产生氢气这一现象，从而揭示了利用太阳能直接分解水制氢的可能性，开辟了利用太阳能光解水制氢的研究道路。随着电极电解水向半导体光催化分解水制氢的多相光催化的演变和 TiO_2 以外的光催化剂的相继发现，兴起了以光催化方法分解水制氢（简称光解水）的研究，并在光催化剂的合成、改性等方面取得较大进展。

一、实验目的

（1）了解光解水制氢原理、研究现状；
（2）学会半导体光催化剂材料的制备技术；
（3）掌握光解水制氢系统的应用及制氢效率分析。

二、实验要求

　　设计半导体化合物催化剂制氢实验，研究提高产氢效率的途径及方法，具体完成：
（1）制备 C_3N_4 纳米材料。
（2）制备 $In_2S_3/g\text{-}C_3N_4$ 复合材料。
（3）$In_2S_3/g\text{-}C_3N_4$ 复合材料光催化制氢性能研究。

三、实验提示

（一）光催化材料及制备方法的选择
　　催化剂改变化学反应速率而不影响化学平衡。选择催化剂主要考虑催化剂的催化活性和寿命或稳定性（包括热稳定性、机械稳定性和抗毒稳定性等）。催化剂按照状态可分为液体催化剂和固体催化剂；按照反应体系的相态分为均相催化剂和多相催化剂；按照反应类型又分为聚合、缩聚、酯化、缩醛化、加氢、脱氢、氧化、还原、烷基化、异构化等催化剂；按照作用大小还分为主催化剂和助催化剂。

制备催化剂的方法有机械混合法、沉淀法、浸渍法、溶液蒸干法、热熔融法、浸溶法（沥滤法）、离子交换法等，现在发展的新方法有化学键合法、纤维化法等。

选择时要考虑实验室的制备条件，了解前期所掌握的技术。

（二）提高光催化效率的方法和途径

在太阳能光催化的研究中，光催化领域面临的最大挑战在于提高太阳能转化效率和催化剂反应效率。需要解决光生电子和空穴对复合严重、太阳光谱利用率的问题。目前，主要解决的方法是光催化剂纳米化、离子掺杂、表面改性和使用半导体复合材料等，拓展催化剂材料光谱响应范围，提高光吸收效率。

（三）光解水系统

光解水系统也称光解水制氢系统或光解水产氢系统，是利用真空系统，在常压下进行光照实验，产生的氢气利用气体搅拌器在系统中搅拌均匀，可以在线取样并进入气相色谱进行检测，保证了样品取出到检测过程的真空性和一致性，减少测试数据的误差，保证微量氢气在线监测的准确性。

材料物理专业实验室有北京中教金源科技有限公司的 CEL–SPH2N 型光催化分解水制氢系统，可完成光催化分解水产氢，光电催化分解水产氢，光催化二氧化碳制甲醇，光催化二氧化碳还原，光催化降解有害气体（甲醛、乙醛、VOC 等）等实验。

四、仪器设备

（1）材料物理专业实验室现有设备可满足光催化剂材料的制备，相关性能分析表征可在学校大型仪器共享中心完成；

（2）材料物理专业实验室现有的 CEL–SPH$_2$N 型光催化分解水制氢系统，可完成光催化分解水产氢实验。

五、思考题

（1）C$_3$N$_4$ 纳米材料的形貌、尺寸对催化性能有何影响？

（2）试分析纳米复合材料的上转换功能及机理。

（3）如何计算光解水系统的产氢效率？

实验二　微弧氧化法制备陶瓷质氧化膜

从 20 世纪 30 年代开始，在阳极氧化的基础上发展起的一项新的有色金属表面氧化的高新技术，称为微弧氧化。该技术以置于电解液中的铝、钛、镁、钽、锆、铌等有色金属或其合金作阳极，以不锈钢作阴极，在其表面利用高电压产生火花或微弧放电，使金属表面原位氧化生成陶瓷氧化膜。

一、实验目的

（1）了解微弧氧化工艺的原理、操作步骤以及注意事项；

（2）制备微弧氧化膜；

（3）掌握实验数据处理和分析方法，并能利用 Origin 软件绘制柱状图和折线图。

二、实验设备及药品

实验设备：JHMA0–220/10A 型便携式微弧氧化电源、超声波清洗机、TT260 覆层测厚仪、HXD–1000 TMC/LCD 型显微硬度计、热镶嵌仪、MSD 倒置金相显微镜及图像分析系统、烟雾腐蚀测量仪。

药品：（30×25×2）mm 的 LY12 板材若干、微弧氧化溶液 3 份，见表 7–2–1 所列。

表7–2–1　微弧氧化溶液配置

溶液号	六偏磷酸钠（g/L）	硅酸钠（g/L）	钨酸钠（g/L）
1	35	10	19.2
2	35	10	22.5
3	35	10	25.9

三、实验原理

微弧氧化实验装置如图 7–2–1 所示，主要由电源及调压控制系统、微弧氧化槽、搅拌器和冷却系统组成。其中，电源及调压控制系统可提供微弧氧化所需的高电压，有直流、交流或脉冲三种电源模式；氧化槽用来盛装电解液，一般由不锈钢制成，具有一定的耐蚀性且可兼做阴极；搅拌器能提高电解液中组分的均匀性，也有一定的冷却作用；冷却系统可带走氧化过程中产生的高热量，保证电解液温度相对稳定。

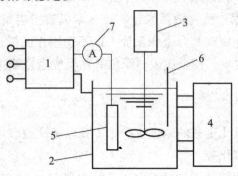

图 7-2-1　微弧氧化装置简图

1—三相脉冲电源；2—电解槽兼做阴极；3—搅拌系统；
4—循环冷却系统；5—试样；6—温度计；7—电流表。

微弧氧化陶瓷膜的制备工艺流程一般分为表面清洗、微弧氧化、自来水冲洗、自然干燥等几个阶段。按所采用的电源模式，其制备工艺一般分为直流、交流和脉冲三种氧化工艺。微弧氧化的早期研究以直流电源应用较多，随后研究发现交流电源能量高且生成陶瓷膜的性能比直流电源更好，而脉冲电源由于具有"针尖"作用，使局部阳极面积大幅下降，表面微孔相重叠而形成粗糙度小、厚度均匀的陶瓷膜，成为目前研究发展的主要方向。

根据所采用的电解液不同，微弧氧化又可分为酸性电解液法和碱性电解液法两种。酸性电解液法是研究初期采用的方法，常用浓硫酸或磷酸及其盐作为电解液组分，有时还加入一定的添加剂（如砒啶盐、含 F^- 的盐等），用于改善微弧的生成条件和膜层性能。而在碱性电解液中，阳极反应生成的金属离子很容易转变成带负电的胶体粒子而被重新利用，溶液中其他金属离子也容易转变成带负电的胶体粒子而进入膜层，调整和改变膜层的组成和微观结构而获得新的特性，所以微弧氧化电解液由初期的酸性发展到了现在的碱性，被研究者广泛采用。微弧氧化工艺由阳极氧化发展而来，但又优于阳极氧化工艺。表7-2-2列出了二者的对比。

表7-2-2　微弧氧化与阳极氧化工艺对比

工艺特点	微弧氧化	阳极氧化
工艺流程	去油污→微弧氧化	19.2
电压、电流	高电压、强电流	22.5
溶液酸碱度	碱性	25.9
工作温度	常温（10~70 ℃）	低温（-10~1 ℃）
处理效率	高（10~30min/50 μm）	低（1~2h/50 μm）
氧化类型	化学氧化、电化学氧化、等离子体氧化	化学氧化、电化学氧化
对材料适应性	宽（适于 Al、Ti、Mg、TaZr、Nb 等金属及其合金）	窄（很少用于铝合金以外的其他金属）

可见微弧氧化技术具有优异的工艺特点：①采用碱性电解液，对环境污染小；②工艺流程简单，前处理工序少，适于大规模自动化生产；③允许温度变化范围宽，电解液允许的温度范围一般为 10 ~ 70 ℃；④效率高，处理能力强，工件的形状可较复杂，且可处理部分内表面，对异形零件、孔洞、焊缝的可加工能力远远高于其他表面陶瓷化工艺，且对工件的修补和重复加工能力极强；⑤电源模式一般采用交流或脉冲方式，这种方式具有较高能量，且生成的陶瓷膜性能比直流电源的高。

（一）铝及铝合金的微弧氧化

不同铝合金，适用的微弧氧化电解液以及适合的工艺参数也不同，导致铝微弧氧化电解液有众多体系，如硅酸盐体系、焦磷酸盐体系、磷酸二氢钠体系、硼酸盐体系、铝酸盐体系等。向电解液中加入的铝缓蚀剂（如阿拉伯树胶），表面活性剂（如十二烷基苯磺酸钠 SDBS、十二烷基硫酸钠 SDS），络合剂（如 EDTA、酒石酸钾钠、柠檬酸三钠）等物质作为电解液的添加剂，可以增大样品成膜速率，提高微等离子氧化膜层的硬度、耐蚀性等性能，并能延长电解液的使用寿命。向电解液中加入着色物质（如金属盐类），可获得不同颜色的陶瓷膜层，如黑色、灰色、蓝色、绿色、赭红色等，具有装饰性。

铝的微弧氧化陶瓷膜由表面层（疏松层）、致密层和结合层组成，其膜层理论结构如图 7-2-2 所示。最外层为表面疏松层，可能是由微电弧溅射和电化学沉积物组成,该层存在许多孔洞,孔隙较大,孔周围又有许多裂纹向内扩散直到致密层。第二层为致密层,粒较细小,含较多 $\alpha-Al_2O_3$(刚玉),用 X 射线衍射(XRD)技术分析 LY12 铝合金微弧氧化陶瓷膜可知,致密层主要由 $\alpha-Al_2O_3$ 和 $\gamma-Al_2O_3$ 组成。内层为过渡层,与第二层呈犬牙交错状,且与基体结合紧密,没有明显界限,这一点决定了微弧氧化陶瓷膜的高结合强度。

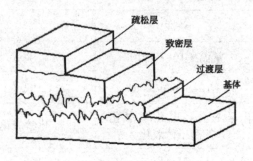

图 7-2-2　铝微弧氧化膜结构简图

　　图 7-2-3(a)和图 7-2-3(b)分别为铝合金微弧氧化膜的表面及断面 SEM 照片。可以看出,铝合金的微弧氧化膜层表面分布有许多火山口形状的微孔,它们是微弧氧化过程中的放电通道。这使得膜层具有一定的孔隙率。孔洞大小及孔隙率大小可通过氧化过程的电参数来调节。从膜层断面形貌中可看出,LY_{12} 铝合金微弧氧化膜有明显的致密层,其表面的疏松层和结合层不是很明显,膜层具有很好的结合性。

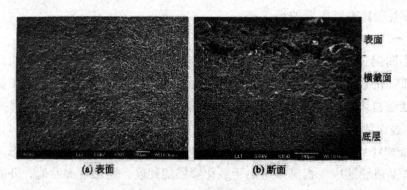

(a) 表面　　　　　　　(b) 断面

图 7-2-3　LY12 铝合金微弧氧化膜 SEM 照片

　　图 7-2-4 是 LY12 铝合金微弧氧化膜的 XRD 图,可见铝微弧氧化膜层主要由 $\alpha-Al_2O_3$ 和 $\beta-Al_2O_3$ 组成。

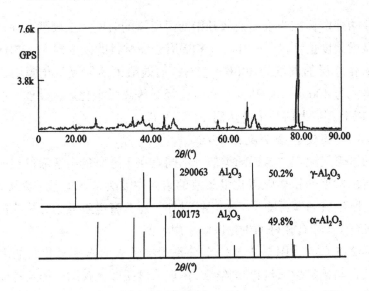

图 7-2-4　铝合金表面微弧氧化膜的 XRD 图

　　膜层的组成决定了其良好的耐腐蚀性及耐磨性。表 7-2-3 为参照硫酸阳极氧化膜耐腐蚀的评定标准，是铝微弧氧化膜的点滴腐蚀实验结果。微弧氧化电解液的组成主要包括硅酸钠、氢氧化钠等。点滴实验所用的溶液成分为盐酸（1.19g/mL）25mL，重铬酸钾 3g，蒸馏水 75mL，溶液 pH 值 1 ~ 2，呈强酸性。

表7-2-3　点滴腐蚀实验结果

试样	膜厚	表面液滴开始变绿时间
变形铝合金	未经微等离子氧化处理	2min
变形铝合金	7.8μm	10min
变形铝合金	15.2μm	20min
LY12 铝合金	未经微等离子氧化处理	30s
LY12 铝合金	4.5μm	10min
LY12 铝合金圆片	15μm	20min
LY12 铝合金圆片	25μm	35min

　　实验方法为在试样待测表面滴上一滴液滴，并观察表面液滴颜色的变化。

耐腐蚀性的评定标准为表面液滴开始变绿所需的时间。在硬度方面，一般纯铝材料的显微硬度值不高。60HV，LY12 铝合金材料的硬度约为 125HV，普通硫酸阳极氧化膜层的硬度为 400HV 左右；而硫酸硬质阳极氧化膜层的硬度在铝合金基体上为 400 ~ 600HV。而铝合金经微等离子氧化后，硬度一般都可达到 1000HV 以上，最大值甚至可达到 2000HV 以上。

（二）钛及钛合金的微弧氧化

钛的微弧氧化工艺与铝的类似，不同点在于适宜的电解液的组成发生了变化。目前，常见的钛微弧氧化电解液的组成主要为磷酸氢盐（磷酸二氢盐）及乙酸钙，所生成的膜层除了二氧化钛以外，还含有电解液组分构成的物质（如羟基磷灰石），具有较好的生物医学应用价值。

图 7-2-5（a）、图 7-2-5（b）分别为纯钛表面微弧氧化膜的表面及断面 SEM 照片，与铝的微弧氧化膜类似，体现了微弧氧化膜的结构及特征。

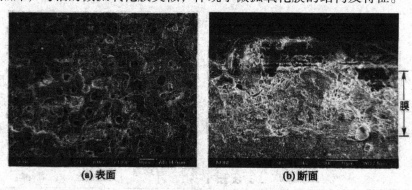

(a) 表面　　**(b) 断面**

图 7-2-5　纯钛表面微弧氧化膜的表面及断面 SEM 图片

钛微弧氧化膜的 XRD 结果如图 7-2-6 所示。微弧氧化生成的二氧化钛在微弧的瞬间高温烧结作用下转变为金红石及锐钛矿，同时电解液组分共沉积进入膜层，生成了生物活性的羟基磷灰石。可见微弧氧化电解液的组成可进入膜层当中并改变膜层的组成，从而可通过电解液的组成变化来实现膜层中组成的功能调控。

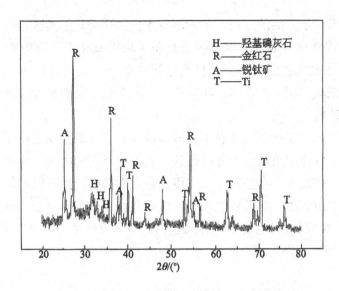

图 7-2-6　纯钛表面微弧氧化膜断面元素能谱扫描

图 7-2-7 的能谱扫描图显示了微弧氧化样品横断面上的元素分布。微弧氧化电解液主要由磷酸二氢钠及乙酸钙组成，并在其中加入了微量氧化银粉体，实现了银在膜层中的掺入。

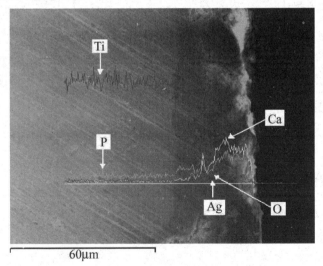

图 7-2-7　微弧氧化技术的应用现状及前景

微弧氧化技术是一项新颖的技术，目前在国内外均未进入大规模工业应用阶段，但所生成的陶瓷膜具有良好的耐磨、耐蚀、耐热冲击及电绝缘性能等特点，为它提供了广阔的应用前景。该技术特别适合对于高速运动且耐磨、耐蚀性能高的部件进行处理。因为膜层具备了阳极氧化膜和陶瓷喷涂层两者的优点，可部分替代它们的产品，目前已进入航空、航天、船舶、汽车、军工兵器、轻工机械、化学工业、石油化工、电子工程、仪器仪表、纺织、医疗卫生、装饰等领域。

表7-2-4概括了微弧氧化技术已开发或正在开发的产品及应用领域。可见微弧氧化技术的应用前景是十分广阔的。相信在不久的将来，在研究者不懈地努力研究下，该技术定会进入工业应用，为人类造福。但我们也须意识到，任何事物都具有两面性，微弧氧化技术目前也存在一些技术问题，如设备产能和能源利用率的问题，颜色的多样性问题，膜层表面的光泽度和粗糙度问题等，这些都是研究者需要努力解决的。

表7-2-4 微弧氧化技术已进入试用的领域

应用领域	应用举例	选用材料	应用性能
航空、航天、机械	气动元件、密封件、叶片、轮箍.管道、阀门、动态密封环	铝、镁合金	耐磨性、耐蚀性
石油、化工、船舶		铝、钛合金	耐磨性、耐蚀性
医疗卫生	人工器官	钛、钛合金	耐磨性、耐蚀性
轻工机械	压掌、滚筒、纺杯、传动元件	铝合金	耐磨性 电绝缘性
仪器仪表	电器元件、探针、传感元件	铝、钛合金	耐磨性、耐热冲击性耐磨性、耐蚀性
汽车、兵器	喷嘴、活塞、储药仓	铝合金	
日常用品	电熨斗、水龙头、铝锅	铝合金	
现代建筑材料	装饰材料	铝	装饰性

三、实验内容与步骤

（一）实验原料

实验原料见表7-2-5所列。

表7-2-5　实验所需的主要原料和试剂

原料名称	分子式	纯度	分子量	来源
氟化钾	KF	99%	58.10	×药集团化学试剂有限公司
氢氧化钠	NaOH	分析纯	40.00	×药集团化学试剂有限公司
硅酸钠	$NaSiO_3 \cdot 9H_2O$	分析纯	284.2	×药集团化学试剂有限公司
无水乙醇	CH_3CH_2OH	分析纯	46.07	天津市××精细化工有限公司
氯化钠	NaCl	分析纯	58.44	×药集团化学试剂有限公司

实验其他耗材如下：

（1）不同规格砂纸。为了实现试样的表面粗糙度要求，在试样的预处理过程中，试样表面均须使用大量400#、600#、800#的砂纸进行打磨处理。

（2）铝丝。将铝丝制成90°左右的挂钩，即将一定长度的铝丝一头弯曲并稍压扁一点，用于连接和固定阳极试样。

（3）绝缘胶带。为了防止浸入电解液中的铝丝在实验过程中发生反应，影响试样的微弧氧化过程，除连接固定阳极的铝丝部位外，其余的用绝缘胶带缠绕，隔绝铝丝与电解液之间的接触。

（4）不同类型的密封袋和标签纸。在试样后期制备中，须用密封袋及时密封试样，尽量减少外界环境对试样的影响，并且需贴标签纸，以区分试样。

（5）PVC管和A、B胶。为了便于观测试样的截面形貌及厚度，须将A胶和B胶以2:1比例混匀并灌入PVC管，用于固定试样。

（二）实验设备

实验采用RZWH20A-Ⅱ型双极性脉冲微弧氧化电源设备进行微弧氧化处理，可以根据实验需要自行设置电压、占空比、频率和时间等电参数的数值大小，参数设置可通过在面板上直接按键来实现，如图7-2-9所示。实验所需的主要设备和仪器见表7-2-6所列。

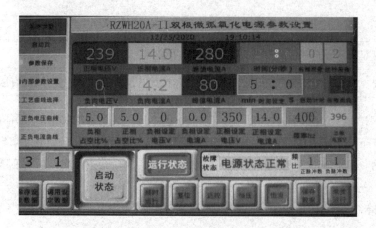

图 7-2-9 微弧氧化过程控制操作面板示意图

表7-2-6 实验所需主要设备和仪器

仪器名称	仪器型号	用途
高精度电子分析天平	BSA224S-CW	称量药品
电钻	—	试样打孔
金相试样抛光机	PG-1	抛光待测试样
数显智能控温磁力搅拌器	SZCL-3B	搅拌、加热
电化学工作站	CHI660E A15616	耐蚀性测试
参比电极	232-01	耐蚀性测试
（铂黑）电导电极	260	耐蚀性测试
四探针测试仪	ZC2112	导电性测试
金相显微镜	OLYMPUS	厚度测试
接触角测试仪	SN-6900	疏水性测试

（三）实验过程

1.工件前处理

（1）除油除锈：除去工件表面的各种油污这些油污，包括植物油、动物油和矿物油。只有将这些油污彻底清除，才能达到工件的表面全部被水所润湿的目的。

（2）抛光：使工件表面更加平整，微弧氧化膜层更加均匀。

（3）清洗（超声波清洗机漂洗）：将 AZ31B 镁合金铸锭线切割，加工成 Ø45×4mm 的圆片状后在正中间钻孔。试样先经过 400#、600#、800# 的砂纸由粗到细依次打磨，再使用自来水和去离子水先后冲洗，最后用无水乙醇浸泡备用。

2.微弧氧化处理

（1）根据试验方案及实验条件，称取所需的电解质，在 2000 mL 烧杯中用去离子水溶解。微弧氧化制膜所需的电解液具体为 15 g/L Na_2SiO_3、8 g/L NaOH 和 8 g/L KF。

（2）将配置好的溶液放入冷却水槽中，按要求连接好阴极和阳极，注意确保工件和线路良好地接触，否则氧化时会因接触不良产生局部漏电现象。

（3）启动搅拌器，若使用小型冷却水槽，则不需要冷却系统，其放出的热量能够很快放出。

（4）启动微弧氧化电源，选择合适的工作方式（恒流或恒压），按实验条件设定工艺电参量并进行微弧氧化。具体为，采用恒压模式，加载过程是前 15s 匀速加载至 350 V，后期电压保持不变，处理时间为 10 min，如图 7-2-10 所示，实验过程中保持频率 1000 Hz、占空比 13% 和脉冲比 1 : 1 不变。

（5）实验过程结束后，关闭微弧氧化电源及其他设备。

（6）取出工件，用蒸馏水冲洗，干燥，对试样进行硬度、厚度、磨损、腐蚀等性能的检测。

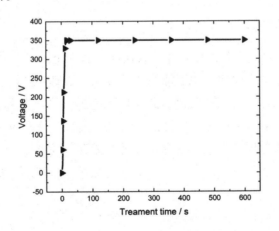

图 7-2-10 电压加载曲线

五、数据记录

（1）旋涂次数对薄膜厚度、反射率和折射率的影响（表7-2-7）

表7-2-7　旋涂次数对薄膜厚度、反射率和折射率的影响

旋涂次数 / 次	1	2	3	4	5
厚度 / nm					
反射率					
折射率					

（2）旋涂时间对薄膜厚度和反射率的影响（表7-2-8）

表7-2-8　旋涂时间对薄膜厚度和反射率的影响

时间 / min	1	5	10	15	20	25	30
厚度 / nm							
反射率							
折射率							

六、实验注意事项

（1）严格遵守实验步骤操作顺序，以保证人身安全。

（2）注意试样浸入电解液中不能与桶壁接触，否则短路损坏机器。

（3）按下电源键时有可能跳闸，此时拉下电闸，将负极夹子在桶壁上换一位置，接通控制柜中的保护开关，再推上电闸，重新开始实验。

（4）如果有其他异常情况，则首先关闭电源键。

七、思考题

（1）简述微弧氧化技术及其应用。

（2）微弧氧化反应过程中，化学氧化、电化学氧化、等离子体氧化能同时存在吗？

实验三　光催化降解染料甲基橙

一、目的要求

（1）掌握光催化降解原理和方法。

（2）测定甲基橙光催化降解反应速率常数。

（3）了解可见光分光光度计的构造、工作原理、掌握分光光度计的使用方法。

二、实验原理

光催化法能有效地将烃类、卤代有机物、表面活性剂、染料、农药、酚类、芳烃类等有机污染物降解，最终无机化为 CO_2 和 H_2O，而污染物中含有的卤原子、硫原子、磷原子和氮原子等则分别转化为 X^-、SO_4^{2-}、PO_4^{3-}、PO_4^{3-}、NH_4^+、NO_3^- 等离子。因此，光催化技术具有在常温常压下进行、彻底消除有机污染物、无二次污染等优点。

半导体之所以能作为催化剂，是由其自身的光电特性所决定的。半导体粒子含有能带结构，通常情况下是由一个充满电子的低能价带和一个空的高能导带构成的，它们之间由禁带分开。研究证明，当 pH=1 时，锐钛矿型 TiO_2 的禁带宽度为 3.2eV，半导体的光吸收阈值 λ_g 与禁带宽度 E_g 的关系为

$$\lambda_g（nm）=1240/E_g(eV)$$

当用能量等于或大于禁带宽度的光（$\lambda<388nm$ 的近紫外光）照射半导体光催化剂时，半导体价带上的电子吸收光能被激发到导带上，因而在导带上产生带负电的高活性光生电子（e^-），在价带上产生带正电的光生空穴（h^+），形成光生电子 – 空穴对。空穴具有强氧化性，电子则具有强还原性。

一方面，当光生电子和空穴到达表面时，可发生两类反应，第一类是简单的复合，如果光生电子与空穴没有被利用，则会重新复合，使光能以热能的形式散发掉。

$$e^-+h^+ \longrightarrow N+energy(hv'<hv \text{ or heat})$$

第二类是发生一系列光催化氧化还原反应，还原和氧化吸附在光催化剂表面上的物质。

$$BiOI \longrightarrow e^- + h^+$$

$$OH^- + h^+ \longrightarrow \cdot OH$$

$$H_2O + h^+ \longrightarrow \cdot OH + H^+$$

$$A + h^+ \longrightarrow \cdot A$$

另一方面，光生电子可以和溶液中溶解的氧分子反应，生成超氧自由基，它与 H^+ 离子结合形成 $\cdot OOH$ 自由基。

$$O_2 + e^- + H^+ \longrightarrow \cdot O_2^- + H^+ \longrightarrow \cdot OOH$$

$$2HOO \cdot \longrightarrow O_2 + H_2O_2$$

$$H_2O_2 + \cdot O_2 \longrightarrow OH + OH^- + O_2$$

$$\cdot O_2^- + 2H^+ \longrightarrow H_2O_2$$

此外，$\cdot OH$、$\cdot OOH$ 和 H_2O_2 之间可以相互转化：

$$H_2O_2 + \cdot OH \longrightarrow \cdot OOH + H_2O_2$$

利用高度活性的羟基自由基 $\cdot OH$ 无选择性地将包括生物难以降解的各种有机物氧化并使之完全无机化。有机物在光催化体系中的反应属于自由基反应。

甲基橙染料是一种常见的有机污染物，无挥发性，且具有相当高的抗直接光分解和氧化的能力；其浓度可采用分光光度法测定，方法简便，常被用作光催化反应的模型反应物。甲基橙的分子式如图 7-3-1 所示。

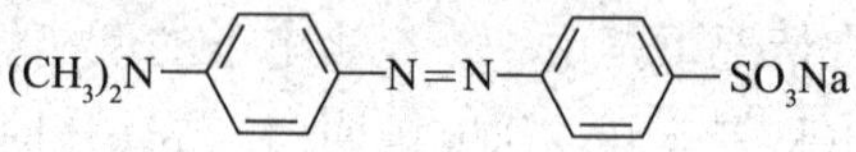

$$(CH_3)_2N \!-\!\!\!\bigcirc\!\!\!-\! N\!=\!N \!-\!\!\!\bigcirc\!\!\!-\! SO_3Na$$

图 7-3-1　甲基橙的分子式

从结构上看，它属于偶氮染料。这类染料是各类染料中最多的一种，约占全部染料的 50%。根据已有实验分析，甲基橙是较难降解的有机物，因而以它作为研究对象有一定的代表性。

三、仪器试剂

仪器：光化学反应器（图 7-3-2）1 台、安捷伦 CARY60 型分光光度计 1 台、磁力搅拌器 1 台、离心机 1 台、10mL 移液管 1 支、20mL 移液管 1 支、500 mL 量筒 1 支、离心管 7 支。

试剂：甲基橙储备液（40mg/L）、纳米 BiOI。

图 7-3-2　光化学反应器

四、实验步骤

（一）甲基橙光催化降解

光催化降解测试是在光化学反应仪中进行的，作为光源的 1000 W 的氙灯和 420 nm 的滤光片用来模拟太阳光中的可见光，通过利用光催化剂对模拟有机污染物的降解效率来评估催化剂的催化降解性能。具体实验过程如下：将所制备的 0.035 g 粉体催化剂分散到 35 mL 且浓度为 40 mg L^{-1} 的甲基橙（MO）溶液中，置于光化学反应仪中的暗室中，磁力搅拌 30 min，使甲基橙（MO）溶液与光催化剂表面达到吸附 – 脱附平衡，取约 2 mL 溶液于试管中，之后打开氙灯，每隔 10 min 取约 2 mL 溶液至试管中，取 6 次后关灯，将所取到的溶液用离心机离心 15 min，以得到分离的光催化颗粒与上清液，并取上清液，用紫外可见分光光度计测试模拟污染物的最大吸收波长处的吸光度，MO 的最大吸收波长约为 465 nm。用紫外可见分光光度计测得溶液的吸光度，可根据朗伯 – 比尔定律的数学表达式：$A = \lg(1/T) = Kbc$ [其中，A、T、c、b 分别为吸光度、透射比（透射光强度比上入射光强度）、吸光物质的浓度、吸收层厚度，朗伯 – 比尔定律的物理意义为，当一束平行单色光垂直通过某一均匀非散射的吸光物质时，其吸光度 A 与吸光物质的浓度 c 及吸收层厚度 b 成正比] 及降解率的表达式：降解率(%) $= (A_0 - A) / A_0 \times 100\%$ 来计算光催化剂对水体污染物的降解效率，其中，A 是光照一定时间后的有机污染物溶液的吸光度，A_0 是光照前有机污染物溶液的吸光度。

（二）吸光度测定

打开安捷伦 CARY60 型分光光度计电源开关，预热至稳定。用蒸馏水调节分光光度计的零点，设定好波长、速度、显示等后进行测试，测试完后记录最大吸光度，用蒸馏水把探头洗干净并吹干后测试下一个样品。测试过程中，探头要深入测试液中且不要接触管壁或底部，最后测试未降解的 MO 的吸光度 A_0。

五、数据处理

设计实验数据表，记录温度、A_0、A 等数据，见表 7-3-1 所列。

表7-3-1　实验数据表

实验温度：29.2℃

t /min	A	$A_0 - A$	η	$\ln（A_0/A）$
0				
5				
10				
15				
20				
25				
30				

采用积分法中的作图法，由实验数据确定反应级数。

根据本实验的原理部分可知，该反应是一个表面催化反应，而一般的表面催化反应更多的是零级反应；不妨设纳米 BiOI 光催化降解甲基橙的反应为一级反应：即 $\ln(A_0/A)=k_1t+$ 常数，以浓度 $\ln(A_0/A)$ 对时间 t 作图，若在 $0 \sim 25min$ 中，$\ln(A_0/A)$ 与 t 的关系呈一直线，即纳米 BiOI 光催化降解甲基橙的反应是一级反应。

由所得直线的斜率求出反应的速率常数 k_1。

甲基橙降解率计算：$\eta=（c_0-c）/c_0$，其中，c_0 为光照前降解液浓度，c 为降解后的浓度。因为甲基橙溶液浓度和它的吸光度呈线性关系，所以降解脱色率又可以由吸光度计算，即 $\eta = (A_0 - A)/A_0$，其中，A_0 为光照前降解液吸光度，A 为降解后吸光度。

η 与 t 的关系如图 7-3-3 所示。

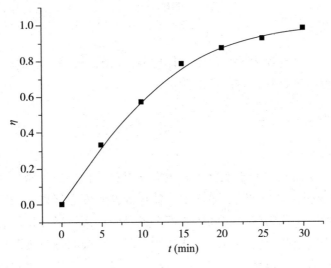

图 7-3-3 η 与 t 的关系

六、思考题

（1）实验中，为什么作为参比溶液的蒸馏水调节分光光度计时的透光率值为 100%？一般选择参比溶液的原则是什么？

（2）甲基橙溶液需要准确配制吗？

（3）甲基橙光催化降解速率与哪些因素有关？

实验四　粉体材料比表面积的测定

一、实验目的

（1）了解氮吸附比表面仪测定粉体材料比表面积的基本原理。

（2）掌握粉体材料比表面积的测量及分析方法。

二、实验原理

（一）概述

处于固体表面上的原子或分子有表面（过剩）自由能，当气体分子与其接触时，有一部分会暂时停留在表面上，使得固体表面上气体的浓度大于气相中的浓度，这种现象称为气体在固体表面上的吸附作用。通常把能有效地吸附气体的固体称为吸附剂；被吸附的气体称为吸附质。吸附剂对吸附质的吸附能力由吸附剂、吸附质的性质，温度和压力决定。吸附量是描述吸附能力的重要的物理量，通常用单位质量（或单位表面面积）的吸附剂在一定温度下且吸附达到平衡时所吸附的吸附质的体积（或质量、摩尔数等）来表示。吸附剂的吸附能力还与其表面积的大小、孔的大小及分布、制备和处理条件等因素有关。一般应用的吸附剂都是多孔的，这种吸附剂的表面积主要由孔内的面积（内面积）所决定。固体所具有的表面积称为比表面。

每克物质的表面积称为比表面积，单位是 m^3/g。它是用于评价粉体材料的活性、吸附、催化等多种性能的重要物理属性。随着超细粉体材料尤其是纳米材料的迅猛发展，测定比表面积对掌握粉体材料的性能具有极为重要的意义。

测定比表面积的方法繁多，如邓锡克隆发射法（Densichron Examination）、溴化十六烷基三甲基铵吸附法（CTAB）、电子显微镜测定法（Electronic Microscopic Examination）、着色强度法（Tint strength）、氮吸附测定法（Nitrogen Surface Area）等。通过比较各种方法，F.Hinson 认为氮吸附法是可靠、有效的、较好的方法。

（二）实验原理

本实验以氦气作为载气，氮气为被吸附气体，二者按一定的比例通入样品管，当样品管浸入液氮时，混合气中的氮气被样品所吸附并达到饱和状态，吸附氮的数量与样品表面积有定量关系，随后在样品升温的过程中，吸附的氮气被解吸。气体在固体表面上的浓度由于吸附而增加时，称为吸附过程（Adsorption）；反之，气体在固体表面上的浓度减少，则称为脱附过程（Desorption）。吸附速率与脱附速率相等时，表面上吸附的气体量维持不变，这种状态即为吸附平衡。吸附平衡与压力、温度、吸附剂的性质、吸附质的性质等因素有关。一般而言，物理吸附可以很快达到平衡，而化学吸附则很慢。在恒定温度下，有一定的吸附质压力，固体表面上只能存在一定量的气体吸附。通过测定一系列相对压力下相应的吸附量，实验者可得到吸附等温线。吸附等温线是对吸附现象以及固体的表面与孔进行研究的基本数据，可从中研究表面与孔的性质，计算出比表面积与孔径分布。

氮吸附法是以 BET 理论为基础的，并以朗格缪尔（Langmuir）及尼尔森（NeLsan）色谱原理拓展为 N_2 吸附方法，所用的标准样品是经美国 21 个实验室测定的样品，该方法可靠、有效、经典。目前，该方法已列入国际标准、美国标准和我国国家标准，适用于炭黑、白炭黑及各种硅基氧化物、氧化锌、氧化钙、氧化铝、活性炭、碳酸钙、碳纤维、氢氧化镍石墨等各种粉体材料的应用、研究、检测、生产，运用于石化、橡胶、有色金属陶瓷、催化等相关行业及科研院所和粉体及纳米材料生产厂。

BET 吸附等温方程：BET 理论的吸附模型是建立在 Langmuir 吸附模型基础上的，同时认为物理吸附可分为多层方式进行，且不等表面第一层吸满，就在第一层之上发生第二层吸附，第二层之上发生第三层吸附……吸附平衡时，各层均达到各自的吸附平衡，最后可导出 BET 等温方程：

$$\frac{P}{V(P_0-P)}=\frac{1}{CV_m}+\frac{C-1}{CV_m}\cdot\frac{P}{P_0} \tag{1}$$

式中，P——氮气分压，Pa；

P_0——吸附温度下液氮的饱和蒸汽压，Pa；

V_m——待测样品表面形成单分子层所需要的 N_2 体积，mL；

V——待测样品所吸附气体的总体积，mL；

C——与吸附有关的常数。

其中，$V=$ 标定气体体积 × 待测样品峰面积 / 标定气体峰面积。

标定气体体积需先经过温度和压力的校正，再转换成标准状况下的体积。以 $P/[V(P_0-P)]$ 对 P/P_0 作图，可得一条直线，其斜率为 $(C-1)/(V_mC)$，截距为 $1/(V_mC)$。

由此可得

$$V_m = 1/（斜率 + 截距） \tag{2}$$

若已知每个被吸附分子的截面积，则可求出催化剂的表面积，即

$$S_g = \frac{V_m N_A A_m}{22\,400W} \tag{3}$$

式中，S_g——催化剂的比表面积，m²/g；

$\quad\quad N_A$——阿弗加德罗常数，6.022×10^{23} mol⁻¹；

$\quad\quad A_m$——被吸附气体分子的横截面积，其值为 16.2×10^{-20} m²；

$\quad\quad W$——待测样品重量，g；

对于低温氮吸附法，氮气作为吸附质，BET 方程成立的条件是要求氮气的分压范围为 0.05～0.35 Pa。其原因基于两个假设：在相对压力小于 0.05 时，建立不起多层物理吸附平衡，一般采用朗格缪尔单分子层吸附假设；而在相对压力大于 0.35 时，孔结构使毛细凝聚的影响突显，定量性及线性变差，一般采用开尔文假设。

三、实验仪器及材料

实验仪器：Tri Star 3020 型全自动氮吸附比表面仪。

材料：液氮罐、液氮、氮气、氦气、测试样品。

四、实验步骤

（一）开机及准备

（1）依次打开电脑、真空泵、吸附仪主机，双击"3020"图标，进入软件操作界面。

（2）打开氮气、氦气气体钢瓶，将压力调至 0.15MPa，切勿超过 0.2MPa。

（二）样品脱气准备

（1）称量空样品管 + 塞子的质量。

用称量纸称量样品质量（样品量根据样品材料比表面积的预期值不同而定。比表面越大，样品量越少。参考值：一般情况下我们分析比表面积或介孔孔径，其分布在 0.1～0.5g，分析微孔为 100mg。

（2）将所称量样品装入已称重的空样品管中（避免样品粘在管壁上）。

（3）将样品管安装到脱气站口，等待脱气处理。设置好加热温度，进行脱气预处理 2～4 小时，以除去水汽等。如果样品许可，温度可升高一些，应视具体情况而定。待处理完后，将其温度降到室温，然后打开螺母，进行回填气体，回填完后，称量样品 + 样品管 + 塞子的质量。

（三）软件操作程序设定

（1）点击"Open Sample File"→"OK"（新建一个文件）→"Yes"→"Replace All"，根据实验需要选择相应的模板文件，双击列表中的文件名进行替换。

（2）在"Sample Information"中依次输入详细的样品名、操作者、样品提交者，以及样品质量。

（3）点击"Save"→"Close"。

（四）样品分析

将样品管装到分析站，放上盛有液氮的杜瓦瓶，等待分析。

点击"Unit1"→"Sample Analysis"，双击所建的文件，检查所输入的分析条件等信息，并填入样品质量。无误后点击"Start"，开始分析。

（五）数据导出

（1）点击"Reports"→"Start Reports"，双击选择分析完的文件，即可查看报告。

（2）点击"Save as"，根据需要可以将文件另存为 Excel 表格，格式为 .xlsx、.txt 或者 .pdf。

（六）关机

（1）关闭软件，关闭电脑。

（2）关闭吸附仪主机电源。

（3）关闭干泵的电源，拔下插头；拔下油泵的电源插头。

五、实验内容

（1）测量三个粉末试样的比表面积。

（2）比较三个试样的比表面积解吸峰波形图形状，并分析原因。

（3）分析实验结果的影响因素。

六、注意事项

（1）实验操作前必须先通气后开启电源，实验结束时先关闭电源后关气，否则正在加热的钨丝会因为没有 H_e – N_2 气保护而被氧化烧坏。按顺序开关机，关机至少 5min 后才能再次开机。

（2）仪器测量时，不能关闭操作软件和电脑。

（3）在杜瓦瓶中加液氮时一定要戴手套，放杜瓦瓶时注意不要将杜瓦瓶打碎。

（4）脱气站上的温度不能超过300℃。

七、思考题

（1）单分子层吸附和双分子层吸附的主要区别是什么？试叙述要点。

（2）实验中相对压力为什么要控制在0.05～0.35 Pa？

（3）催化剂制备中，哪些因素会影响其比表面积？

（4）催化剂的比表面积对催化剂的性能有哪些影响？试叙述大比表面积分子筛选催化剂的优点和缺点。

附　录

附录一　中国工程教育认证通用标准

中国工程教育专业认证协会工程教育认证标准（2015 版）

（中国工程教育专业认证协会 2015 年 3 月修订）

说明：

1. 本标准适用于普通高等学校本科工程教育认证。

2. 本标准由通用标准和专业补充标准组成。

3. 申请认证的专业应当提供足够的证据，证明该专业符合本标准要求。

4. 本标准在使用到以下术语时，其基本含义是：

（1）培养目标：培养目标是对该专业毕业生在毕业后 5 年左右能够达到的职业和专业成就的总体描述。

（2）毕业要求：毕业要求是对学生毕业时应该掌握的知识和能力的具体描述，包括学生通过本专业学习所掌握的知识、技能和素养。

（3）评估：评估是指确定、收集和准备所需资料和数据的过程，以便对毕业要求和培养目标是否达成进行评价。有效的评估需要恰当使用直接的、间接的、量化的、非量化的手段，以便检测毕业要求和培养目标的达成。评估过程中可以包括适当的抽样方法。

（4）评价：评价是对评估过程中所收集到的资料和证据进行解释的过程。评价过程判定毕业要求与培养目标的达成度，并提出相应的改进措施。

（5）机制：机制是指针对特定目的而制定的一套规范的处理流程，同时对于该流程涉及的相关人员以及各自承担的角色有明确的定义。

5.本标准中所提到的"复杂工程问题"必须具备下述特征（1），同时具备下述特征（2）～（7）的部分或全部：

（1）必须运用深入的工程原理，经过分析才可能得到解决；

（2）涉及多方面的技术、工程和其他因素，并可能相互有一定冲突；

（3）需要通过建立合适的抽象模型才能解决，在建模过程中需要体现出创造性；

（4）不是仅靠常用方法就可以完全解决的；

（5）问题中涉及的因素可能没有完全包含在专业工程实践的标准和规范中；

（6）问题相关各方利益不完全一致；

（7）具有较高的综合性，包含多个相互关联的子问题。

1.通用标准

1.1　学生

（1）具有吸引优秀生源的制度和措施。

（2）具有完善的学生学习指导、职业规划、就业指导、心理辅导等方面的措施并能够很好地执行落实。

（3）对学生在整个学习过程中的表现进行跟踪与评估，并通过形成性评价保证学生毕业时达到毕业要求。

（4）有明确的规定和相应认定过程，认可转专业、转学学生的原有学分。

1.2　培养目标

（1）有公开的、符合学校定位的、适应社会经济发展需要的培养目标。

（2）培养目标能反映学生毕业后5年左右在社会与专业领域预期能够取得的成就。

（3）定期评价培养目标的合理性并根据评价结果对培养目标进行修订，评价与修订过程有行业或企业专家参与。

1.3　毕业要求

专业必须有明确、公开的毕业要求，毕业要求应能支撑培养目标的达成。专业应通过评价证明毕业要求的达成。专业制定的毕业要求应完全覆盖以下内容：

（1）工程知识：能够将数学、自然科学、工程基础和专业知识用于解决复杂工程问题。

（2）问题分析：能够应用数学、自然科学和工程科学的基本原理，识别、表达、并通过文献研究分析复杂工程问题，以获得有效结论。

（3）设计/开发解决方案：能够设计针对复杂工程问题的解决方案，设计满足特定需求的系统、单元（部件）或工艺流程，并能够在设计环节中体现创新意识，考虑社会、健康、安全、法律、文化以及环境等因素。

（4）研究：能够基于科学原理并采用科学方法对复杂工程问题进行研究，包括设计实验、分析与解释数据、并通过信息综合得到合理有效的结论。

（5）使用现代工具：能够针对复杂工程问题，开发、选择与使用恰当的技术、资源、现代工程工具和信息技术工具，包括对复杂工程问题的预测与模拟，并能够理解其局限性。

（6）工程与社会：能够基于工程相关背景知识进行合理分析，评价专业工程实践和复杂工程问题解决方案对社会、健康、安全、法律以及文化的影响，并理解应承担的责任。

（7）环境和可持续发展：能够理解和评价针对复杂工程问题的专业工程实践对环境、社会可持续发展的影响。

（8）职业规范：具有人文社会科学素养、社会责任感，能够在工程实践中理解并遵守工程职业道德和规范，履行责任。

（9）个人和团队：能够在多学科背景下的团队中承担个体、团队成员以及负责人的角色。

（10）沟通：能够就复杂工程问题与业界同行及社会公众进行有效沟通和交流，包括撰写报告和设计文稿、陈述发言、清晰表达或回应指令。并具备一定的国际视野，能够在跨文化背景下进行沟通和交流。

（11）项目管理：理解并掌握工程管理原理与经济决策方法，并能在多学科环境中应用。

（12）终身学习：具有自主学习和终身学习的意识，有不断学习和适应发展的能力。

1.4　持续改进

（1）建立教学过程质量监控机制。各主要教学环节有明确的质量要求，通过教学环节、过程监控和质量评价促进毕业要求的达成；定期进行课程体系设置和教学质量的评价。

（2）建立毕业生跟踪反馈机制以及有高等教育系统以外有关各方参与的社会评价机制，对培养目标是否达成进行定期评价。

（3）能证明评价的结果被用于专业的持续改进。

1.5　课程体系

课程设置能支持毕业要求的达成，课程体系设计有企业或行业专家参与。课程体系必须包括：

（1）与本专业毕业要求相适应的数学与自然科学类课程（至少占总学分的15%）。

（2）符合本专业毕业要求的工程基础类课程、专业基础类课程与专业类课程（至少占总学分的30%）。工程基础类课程和专业基础类课程能体现数学和自然科学在本专业应用能力培养，专业类课程能体现系统设计和实现能力的培养。

（3）工程实践与毕业设计（论文）（至少占总学分的20%）。设置完善的实践教学体系，并与企业合作，开展实习、实训，培养学生的实践能力和创新能力。毕业设计（论文）选题要结合本专业的工程实际问题，培养学生的工程意识、协作精神以及综合应用所学知识解决实际问题的能力。对毕业设计（论文）的指导和考核有企业或行业专家参与。

（4）人文社会科学类通识教育课程（至少占总学分的15%），使学生在从事工程设计时能够考虑经济、环境、法律、伦理等各种制约因素。

1.6 师资队伍

（1）教师数量能满足教学需要，结构合理，并有企业或行业专家作为兼职教师。

（2）教师具有足够的教学能力、专业水平、工程经验、沟通能力、职业发展能力，并且能够开展工程实践问题研究，参与学术交流。教师的工程背景应能满足专业教学的需要。

（3）教师有足够时间和精力投入本科教学和学生指导中，并积极参与教学研究与改革。

（4）教师为学生提供指导、咨询、服务，并对学生职业生涯规划、职业从业教育有足够的指导。

（5）教师明确他们在教学质量提升过程中的责任，不断改进工作。

1.7 支持条件

（1）教室、实验室及设备在数量和功能上满足教学需要。有良好的管理、维护和更新机制，使得学生能够方便地使用。与企业合作共建实习和实训基地，在教学过程中为学生提供参与工程实践的平台。

（2）计算机、网络以及图书资料资源能够满足学生的学习以及教师的日常教学和科研所需。资源管理规范、共享程度高。

（3）教学经费有保证，总量能满足教学需要。

（4）学校能够有效地支持教师队伍建设，吸引与稳定合格的教师，并支持教师本身的专业发展，包括对青年教师的指导和培养。

（5）学校能够提供达成毕业要求所必需的基础设施，包括为学生的实践活动、创新活动提供有效支持。

（6）学校的教学管理与服务规范，能有效地支持专业毕业要求的达成。

2.专业补充标准

专业必须满足相应的专业补充标准。专业补充标准规定了相应专业在课程体系、师资队伍和支持条件方面的特殊要求。

材料类专业

本认证标准适用于材料类专业，包括材料科学与工程专业、冶金工程专业、金属材料工程专业、无机非金属材料工程专业、高分子材料与工程专业、复合材料与工程专业和材料物理专业等。

1.课程体系

1.1 课程设置

课程设置由学校根据自身定位、培养目标和办学特色自主设置。本专业补充标准对数学与自然科学类、工程基础类、专业基础类、专业类、实践环节、人文社会科学类通识教育这六类课程的内容提出基本要求。

1.1.1 数学与自然科学类课程

数学类科目包括线性代数、微积分、微分方程、概率和数理统计等知识领域。自然科学类的科目应包括物理、化学等知识领域。

1.1.2 工程基础类课程

材料类专门人才需要掌握与材料科学与工程学科相关的工程技术知识，包括计算机与信息技术基础类、力学类、机械设计基础类、电工电子等相关知识领域。

1.1.3 学科专业基础类课程

材料科学与工程专业应包含：材料科学基础、材料工程基础、材料性能表征、材料结构表征、材料制备技术、材料加工成形等相关知识领域。

高分子材料与工程专业应包含：高分子物理、高分子化学、材料科学与工程基础、聚合物表征与测试、聚合物反应原理、聚合物成型加工基础、高分子材料和高分子材料加工技术等知识领域。

冶金工程专业应包含：物理化学、金属学及热处理、冶金原理（钢铁冶金原理、有色冶金原理）或冶金物理化学、冶金传输原理、反应工程学或化工原理、冶金实验研究方法、钢铁冶金学、有色冶金学等知识领域。

金属材料工程专业应包含：物理化学、材料科学基础、材料工程基础、材料性能表征、金属材料及热处理、材料结构表征、材料制备技术、材料加工成形等知识领域。

无机非金属材料工程专业应包含：材料科学基础，材料工程基础，材料研究方法与测试技术，无机材料性能，无机非金属材料工艺学，无机非金属材料生产设备等知识领域。

复合材料与工程专业应包含：物理化学、高分子化学、高分子物理、材料研究与测试方法、复合材料聚合物基体、材料复合原理、复合材料成型工艺与设备、复合材料力学、复合材料结构设计等知识领域。

材料物理专业应包含：材料科学与工程导论、固体物理、材料物理性能、材料结构与性能表征、材料制备原理与技术、功能材料等知识领域。

1.1.4　专业类课程

各校可根据自身优势和特点设置课程，办出特色。

1.2　实践环节

1.2.1　课程实验

实验类型包括认知性实验、验证性实验、综合性实验和设计性实验等，配合课程教学，培养学生实验设计、仪器选择、测试分析的综合实践能力。

1.2.2　课程设计

通过机械零件设计、材料产品设计或工厂生产线布置设计等综合课程设计，培养学生对知识和技能的综合运用能力。

1.2.3　认识实习、生产实习

建立稳定的校内外实习基地，制定出符合生产现场实际的实习大纲，让学生在实习中通过现场的参观和具体的实践活动，了解和熟悉材料生产过程，培养热爱劳动的品质和理论联系实际的能力。

1.2.4　毕业设计或毕业论文

毕业设计（论文）选题要符合本专业的培养目标并具有明确的工程背景，应有一定的知识覆盖面，尽可能涵盖本专业主干课程的内容；应由具有丰富教学和实践经验的教师或企业工程技术人员指导。实行过程管理和目标管理相结合的管理方式。

2.师资队伍

2.1　专业背景

从事本专业主干课教学工作的教师其学士、硕士和博士学学位，必有其中之一毕业于材料类专业。

2.2　工程背景

（1）师资中应含有具有企业或社会工程实践经验的教师；

（2）师资中具有工程设计背景或科研背景的教师应占30％以上。

3. 支持条件

3.1　专业资料

学校图书馆或所属院（系、部）的资料室中应配备各种高质量的（含最新的）、充足的教材、参考书和相关的中外文图书、期刊、工具手册、电子资源等文献信息资源和相应的检索工具。

3.2　实验条件

专业课实验开出率应达到 90% 以上，综合性、设计性和创新性实验课程占总实验课程比例大于 60%；每个实验既要有足够的实验台套数，又要有较高的利用率；基础实验每组学生数不能超过 2 人；专业实验每组学生数不能超过 3 人；大型仪器实验每组学生数不能超过 8 人。

3.3　实践基地

要有相对稳定的校内外实习、实践基地，各类实验室向学生全面开放，为学生提供充足优越的实践环境和条件。加强与业界的联系，建立稳定的产学研合作基地。

附录二　青海民族大学材料物理专业培养目标

材料物理本科专业培养方案
（2018 修订版）

院　系：物理与电子信息工程学院

专　业：材料物理

培养层次：本科

学　制：4 年

授予学位：工学学士

专业负责人：

院长（主任）：

主管校长：

（盖章）

2018 年 9 月

一、专业代码、名称

代码：080402　名称：材料物理　英文名称：Material physics

二、所属学科门类代码、名称

代码：08　名称：工学

三、培养目标

本专业培养政治素质过硬、理想信念坚定，适合新能源材料领域发展需要，具有较高道德文化素养和社会责任感、良好的科学精神和人文情怀；掌握材料科学扎实的基础知识和材料物理专业知识，具备材料科学研究和应用的基本技能，具有较强通用能力和终身学习能力，能在新能源材料领域从事科学研究、技术和产品开发、生产及经营管理等方面工作的应用型高素质专门人才；成为具有开放包容、理性平和、忍耐坚强的品质，能够下得去、用得上、留得住、干得好的中国特色社会主义合格建设者和可靠接班人。

四、毕业要求

本专业学生主要学习材料科学基础知识、材料物理基本理论和基础知识，掌握材料设计、合成、分析和应用等方面的理论并接受实验技能的基本训练，具备材料科学研究和技术开发的基本能力。毕业生应获得以下几个方面的知识和能力。

（1）工程知识：能够将数学、自然科学、工程基础和专业知识用于解决新能源材料领域复杂工程问题。

（2）问题分析：能够应用数学、自然科学和工程学的基本原理，识别、表达、通过文献研究分析新能源材料领域复杂工程问题，以获得有效结论。

（3）设计/开发解决方案：能够设计针对新能源材料领域复杂工程问题的解决方案，设计满足特定需求的系统、单元（部件）或工艺流程，并能够在设计环节中体现创新意识，综合考虑社会、健康、安全、法律、文化以及环境等因素。

（4）研究：能够基于科学原理并采用科学方法对新能源材料领域的复杂工程问题进行研究，包括设计实验、分析与解释数据、通过信息综合得到合理有效的结论。

（5）使用现代工具：能够针对新能源材料领域的复杂工程问题，开发、选择与使用恰当的技术、资源、现代工程工具和信息技术工具，包括对新能源材料领域的复杂工程问题的初步预测与模拟，并能够理解其局限性。

（6）工程与社会：能够基于工程相关背景知识进行合理分析，评价专业工程实践和新能源材料领域复杂工程问题解决方案对社会、健康、安全、法律以及文化的影响，并理解应承担的责任。

（7）环境和可持续发展：能够理解和评价针对新能源材料领域复杂工程问题的专业工程实践对环境、社会可持续发展的影响。

（8）职业规范：具有人文社会科学素养、社会责任感，能够在新能源材料领域工程实践中理解并遵守工程职业道德和规范，履行责任。

（9）个人和团队：能够在多学科背景下的团队中承担个体、团队成员以及负责人的角色。

（10）沟通：能够就新能源材料领域复杂工程问题与业界同行及社会公众进行有效沟通和交流，包括撰写报告和设计文稿、陈述发言、清晰表达或回应指令，并具备一定的国际视野，能够在跨文化背景下进行沟通和交流。

（11）项目管理：理解并掌握新能源材料领域工程管理原理与经济决策方法，并能在多学科环境中应用。

（12）终身学习：具有自主学习和终身学习的意识，有不断学习和适应发展的能力。

五、相近专业

材料科学、物理学。

六、专业核心课程

材料科学基础、材料科学基础实验、材料物理性能、固体物理、半导体物理与器件、现代材料分析与测试技术、材料制备技术、电工与电子技术。

七、主要实践性教学环节

工程训练、创新实践、企业实习、毕业设计等。

八、主要专业实验

大学物理实验、大学化学实验、材料科学基础实验、电工电子实验、现代材料分析技术实验、薄膜材料制备技术实验、电池材料制备技术实验等。

九、学制和毕业最低学分

学制：4 年（实行 3 ～ 6 年弹性学制）。

毕业最低学分：170 学分。

十、毕业条件

（1）须修满 170 学分；

（2）普通话测试成绩达到三级甲等水平；

（3）体质健康测试成绩达到 50 分以上。符合《国家学生体质健康标准》要求。

十一、授予学位

符合《青海民族大学学士学位授予工作实施细则》相关规定，授予工学学士学位。

十二、学分（学时）构成（附表 1）

附表1　学分（学时）构成

课程（环节）	理论教学（课内讲授）		课内外实践（含实验）		合计		实践环节学分（学时）占总学分（学时）比例（%）
	学分	学时	学分	学时	学分	学时	
通识通修	24	384	13	208	37	592	7.65
综合素养	8	128	2	32	10	160	1.18
学科专业	73	1168	20	320	93	1488	11.77
综合实践			30	480	30	480	17.65
合计	105	1680	65	1040	170	2720	38.24

十三、教学计划（附表2～附表5）

附表2　通识通修课程教学计划

课程类别	课程性质	课程代码	课程名称	学分	周学时	总学时	学时		开课学期	考核方式
							理论	实践		
通识通修课程	必修	140001	思想道德修养与法律基础	2+1	2+1	48	32	16	1	考试
	必修	140711	军事理论与训练	2	2	32	32		1	考查
	必修	140152	中国近现代史纲要	1+1	1+1	32	16	16	2	考试
	必修	140150	马克思主义基本原理概论	2+1	2+1	48	32	16	3	考试
	必修	140637	毛泽东思想和中国特色社会主义理论体系概论	2+2	2+2	64	32	32	4	考试
	必修	180001-4	计算机实用基础	1+1	2	32	16	16	1～2	考试
	必修	210010	民族理论与民族政策	1+1	1+1	32	16	16	1～2	考查
	必修	210010	大学外语	9	2 或 3	144	144		1～4	考试
	必修	110001-4	体育	6	2	96		96	1～3	考查
	必修	090253	大学生职业生涯规划与就业创业指导	2	2	32	32		2	考查
	必修	150001	形势与政策	2	2	32	32		2～5	考查

课程类别	课程性质	课程代码	课程名称	学分	周学时	总学时	学时理论	学时实践	开课学期	考核方式
通识通修课程学分（学时）合计				37		592	384	208		

附表3　综合素养课程教学计划

课程类别	课程性质	课程代码	课程名称	学分	周学时	总学时	学时理论	学时实践	开课学期	考核方式
综合素养课程	任选	010000	人文社会科学类课程	6	6	96	96		1～7	考查
	任选	120000	自然科学类课程						1～7	考查
	任选	130000	艺术类课程	2	2	32	32		1～7	考查
	任选		体育类（含健康教育）课程	2	2	32		32	1～7	考查
综合素养课程学分（学时）合计				10		160	128	32		

附表4　学科专业课程教学计划

课程类别	课程性质	课程代码	课程名称	学分	周学时	总学时	学时理论	学时实践	开课学期	考核方式
学科专业课程	专业基础课程	必修	101118	材料物理专业导论	1	1	16	16		1	考查
		必修	070081-82	高等数学	8	4～4	128	128		1～2	考试
		必修	070334	线性代数	2	2	32	32		2	考试
		必修	070112	概率论与数理统计	3	3	48	48		3	考试
		必修	100007	大学物理	8	4	128	128		2～3	考试
		必修	100007-1	大学物理实验	4	2	64		64	2～3	考试
		必修	100456	C语言程序设计	4	4	64	32	32	3	考试
		必修	120901	大学化学	4	4	64	48	16	4	考试
		必修	101085	物理化学	3	3	48	32	16	5	考试
		必修	101083	工程制图与CAD	3	3	48	32	16	6	考试
	专业基础课程学分（学时）合计				40		640	640	144		

课程类别		课程性质	课程代码	课程名称	学分	周学时	总学时	学时		开课学期	考核方式
								理论	实践		
学科专业课程	专业核心课程	必修	10361	材料科学基础	6	6	96	64	32	4	考试
		必修		理论物理基础	4	4	64	64		4	考试
		必修	100568	材料制备技术	3	3	48	32	16	4	考试
		必修	100178	固体物理	4	4	64	64		5	考试
		必修	100496	材料物理性能	4	4	64	48	16	5	考试
		必修	100686	电工与电子技术	4	4	64	48	16	6	考试
		必修	100213	半导体物理与器件	4	4	64	64		6	考试
		必修	10471	现代材料分析与测试技术	3	3	48	32	16	6	考试
	专业核心课程学分（学时）合计				32		512	416	96		
	专业限选课程	限选	101111	新能源概论	1	1	16	16		2	考查
		限选		现代企业与管理	1	1	16	16		2	考查
				科技英语	1	1	16	16		3	考查
		限选	101119	创新能力开发与训练	1	2	16	16		3	考查
		限选	101103	先进材料科学与进展	2	2	32	32		3	考查
		限选		材料物理前沿讲座	1	1	16	16		4	考查
			100802	应用光伏学	3	3	48	48		4	考试

课程类别	课程性质	课程代码	课程名称	学分	周学时	总学时	学时		开课学期	考核方式
							理论	实践		
学科专业课程	专业限选课程	限选		材料力学	3	2+1	48	32	16	4	考查
		限选		材料工程基础	2	2	32	16	16	4	考查
		限选	100802	太阳电池材料与技术	3	2+1	48	32	16	5	考试
		限选	101104	文献检索与科技论文写作	1	1	16	16		5	考查
		限选		相变储能材料	2	4	32	16	16	5	考查
		限选		电子信息材料	2	2	32	32		5	考查
		限选	100802	薄膜物理与技术	3	2+1	48	32	16	6	考试
		限选		硅材料制备技术	2	2	32	16	16	6	考查
		限选		能源系统工程	2	2	32	32		6	考查
		限选		材料工程设计	2	2	16		16	6	考查
		限选	100456	储能电池材料与技术	2	4	32	16	16	7	考试
		限选		计算机在材料科学中的应用	2	4	32	16	16	7	考查
		限选	101104	光伏发电系统设计与应用	2	4	32	16	16	7	考试
		限选		动力电池原理与应用	2	4	32	16	16	7	考查

课程类别	课程性质	课程代码	课程名称	学分	周学时	总学时	学时		开课学期	考核方式
							理论	实践		
学科专业课程	专业限选课程 限选		光热工程与技术	2	4	32	16	16	7	考查
	限选	101129	化学电源设计	2	4	32	32		8	考查
	限选	100803	光伏发电系统维护与管理	2	4	32		32	8	考查
	限选		能源工程及项目管理	2	4	32	32		8	考查
	限选	101130	纳米材料与技术	2	4	32	16	16	8	考查
专业限选课程学分（学时）合计				21	336	256	80			
学科专业课程学分（学时）合计				93		1488	1128	320		

注：第七学期1～8周完成课内教学，9～11周专业实践，12～20周毕业实习，12周之前完成毕业论文开题。第八学期前8周上课，15周前完成毕业设计答辩及成绩评定。

附表5　综合实践教学计划

课程类别	课程性质	课程代码	课程名称	学分	周数	周学时	总学时	学时		开课学期	考核方式
								理论	实践		
综合实践	必修	000022 专业实践	专业认知实习	1	1周	16	16		16	2	考查
			工程训练	1	3周	16	16		16	2	考查
			硅材料制备技术	1	3周	16	16		16	3	考查
			太阳电池生产工艺	2	3周	16	32		32	4	考查
			太阳能光伏发电系统	2	3周	16	32		32	5	考查
综合实践	必修	000022 专业实践	纳米材料制备与测试	2	3周	16	32		32	6	考查
			太阳能应用技术	2	3周	16	32		32	7	考查
	必修	000003	毕业实习	7	8周	16	112		112	7	考查
	必修	000001	毕业论文（设计）	7	第7学期第15周至第8学期第15周	16	112		112	7～8	考查
	必修	000011	创新创业实践	3		16	48		48	1～8	考查
	必修		专业基本书目阅读	2		16	32		32	1～8	考查
	综合实践学分（学时）合计			30			480		480		

十四、毕业要求与课程关联矩阵（附表6）

附表6　毕业要求与课程关联矩阵

课程名称 \ 毕业要求	1 工程知识	2 问题分析	3 设计/开发解决方案	4 研究	5 使用现代工具	6 工程与社会	7 环境和可持续发展	8 职业规范	9 个人和团队	10 沟通	11 项目管理	12 终身学习
思想道德修养与法律基础						M		H				
中国近现代史纲要								H				
毛泽东思想和中国特色社会主义理论体系概论								H				L
马克思主义基本原理								H				L
民族理论与民族政策								H		M		
体育1～4									H	M		M
大学外语										H		M
高等数学	H	H										
线性代数	H	H										

毕业要求 课程名称	1 工程知识	2 问题分析	3 设计/开发解决方案	4 研究	5 使用现代工具	6 工程与社会	7 环境和可持续发展	8 职业规范	9 个人和团队	10 沟通	11 项目管理	12 终身学习
概率论与数理统计	H	H										
计算机实用基础	H	H			H							
C语言程序设计	M	H			H							
工程制图与CAD					H							L
大学物理1～2	H	M	M									
大学化学	H	M	M									
大学物理实验				H	M							
物理化学	H	M	M									
材料科学基础	H	M			M							
材料科学基础实验				H	H							
材料制备技术	H	H	M	L								
固体物理		H	H									
材料物理专业导论					L	M		H		H		
材料物理前沿讲座						H		H		M		L

毕业要求 / 课程名称	1 工程知识	2 问题分析	3 设计/开发解决方案	4 研究	5 使用现代工具	6 工程与社会	7 环境和可持续发展	8 职业规范	9 个人和团队	10 沟通	11 项目管理	12 终身学习
材料物理性能	H	H		M								
电工与电子技术	H	H	M		M							
半导体物理与器件	H	H	M									
现代材料分析与测试技术	H		M		H							
薄膜材料与技术	H	H			M							L
现代企业与管理						M	H			H		
材料物理专业英语										H		H
创新能力开发与训练								H	M			H
硅材料制备技术	H	H		M		M						
科技论文写作			H							M		H
储能电池材料与技术	H	H				M	L					
材料工程基础					H	H						M

毕业要求 / 课程名称	1 工程知识	2 问题分析	3 设计/开发解决方案	4 研究	5 使用现代工具	6 工程与社会	7 环境和可持续发展	8 职业规范	9 个人和团队	10 沟通	11 项目管理	12 终身学习
太阳电池材料与技术	H	H	M									
材料设计与模拟计算		H	H		M							
化学电源设计	H	M	H									
纳米材料与技术	H	M	H									
光伏发电系统设计与应用	H	M	H		M							
光伏发电系统管理与维护	H		M			M						
科技创新训练项目	H	H		M								M
毕业设计与实习			H	H							M	M
军事理论与训练						L		H				
形势与政策							M	H				L
大学生职业生涯规划与就业创业指导						L	L		H	H		M

课程名称 ＼ 毕业要求	1 工程知识	2 问题分析	3 设计/开发解决方案	4 研究	5 使用现代工具	6 工程与社会	7 环境和可持续发展	8 职业规范	9 个人和团队	10 沟通	11 项目管理	12 终身学习
自然科学与工程类通识课			H			M	L					
艺术类类通识选修课						M	M	M		H		H
人文社科类通识选修课								H		H		

十五、专业基本阅读书目（附表7）

附表7　专业基本阅读书目

序号	书名	作者	出版社	对应的专业课程、教学环节或读书活动
1	材料导论	杨瑞成	科学出版社	专业选修课程
2	高等数学（物理类）上下册	何柏庆等	科学出版社	专业基础课程
3	线性代数	陈维新	科学出版社	专业基础课程
4	概率论与数理统计	金治明等	科学出版社	专业基础课程
5	普通物理实验	杨述武	高等教育出版社	专业基础课程
6	热　学	张玉民	科学出版社	专业基础课程
7	电磁学	徐游	科学出版社	专业基础课程
8	光　学	吴强	科学出版社	专业基础课程

序号	书名	作者	出版社	对应的专业课程、教学环节或读书活动
9	物理光学	张洪欣	清华大学出版社	专业基础课程
10	原子物理学	陈宏芳	科学出版社	专业基础课程
11	量子物理	吴大猷	科学出版社	专业核心课程
12	理论物理简明教程	赵凯华	高等教育出版社	专业核心课程
13	固体物理学	黄昆	北京大学出版社	专业核心课程
14	现代物理知识	徐行可等	西南交通大学出版社	读书活动
15	从零学相对论	梁灿彬	高等教育出版社	读书活动
16	近代物理实验教程	段萍	科学出版社	专业选修课程
17	材料力学（Ⅰ、Ⅱ）	常红等	科学出版社	专业选修课程
18	基础化学（第二版）	李保山	科学出版社	专业基础课程
19	材料物理学	吴锵	国防工业出版社	专业核心课程
20	物理化学	高丕英	科学出版社	专业核心课程
21	太阳能电池	狄大卫	上海交通大学出版社	专业核心课程
22	材料研究方法	王培铭等	科学出版社	专业选修课程
23	材料结构分析基础	余焜	科学出版社	专业核心课程
24	科学技术哲学导论	刘大椿	中国人民大学出版社	读书活动
25	材料物理导论	熊兆贤	科学出版社	读书活动
26	半导体器件物理	孟庆巨等	科学出版社	专业核心课程
27	半导体材料	杨树人等	科学出版社	专业核心课程
28	信息检索与利用	邓发云	科学出版社	专业选修课程
29	自然科学概论	娄兆文	科学出版社	读书活动

序号	书名	作者	出版社	对应的专业课程、教学环节或读书活动
30	材料分析方法	周玉	机械工业出版社	专业核心课程
31	材料性能学	王从曾	北京工业大学出版社	专业选修课程
32	无机非金属材料制备及性能测试技术	徐凤广	华东理工大出版社	专业选修课程
33	功能材料制备及物理性能分析	周静	武汉理工大出版社	专业基础课程
34	材料基础实验指导书	刘芙	浙江大学出版社	专业基础课程
35	真空镀膜技术	张以枕	冶金工业出版社	专业选修课程
36	材料的宏观微观力学性能	周益春	高等教育出版社	专业选修课程
37	材料物理性能	刘强	化学工业出版社	专业核心课程
38	应用光伏学	M.A.Green	上海交大出版社	专业核心课程
39	纳米材料与太阳能利用	沈辉	化学工业出版社	专业选修课程
40	化学电池原理与设计	严辉	北京工业大学	专业选修课程

十六、工程训练项目库（附表8）

附表8　工程训练项目库

序号	开设年级	项目名称	项目类型	目标任务
1	一年级	太阳能电池原理	认知	了解太阳能电池工作原理、分类
2		光伏发电系统	认知	了解光伏发电系统
3		储能电池的工作原理及组装工艺	认知	了解锂离子电池的工作原理及组装工艺
4		粉体材料制备方法	认知	了解无机材料合成的方法
5	二年级	太阳能电池基本参数测试	实践	掌握太阳能电池基本参数测试方法
6		化合物太阳能电池材料的制备技术	实践	掌握植物色素的分离与提取技术
7		光伏发电系统效率测试	实践	掌握独立光伏发电系统效率测试方法
8		储能电池电极材料的制备及测试	实践	掌握锂离子电池电极材料的制备及测试方法
9		光催化材料的制备	实践	掌握光催化材料的制备技术
10	三年级	太阳能电池缺陷检测	探究	掌握晶硅太阳能电池隐裂、热斑检测方法
11		薄膜制备技术	探究	学习化合物薄膜制备技术
12		薄膜太阳能电池制备工艺	探究	了解太阳能电池制备工艺流程
13		独立光伏发电系统容量设计	探究	掌握独立光伏发电系统容量设计方法
14		储能电池的电化学性能测试	探究	掌握锂离子电池电极材料的制备及测试技术
15		材料物理性能测试	探究	学习纳米材料物理性能测试技术

序号	开设年级	项目名称	项目类型	目标任务
16	四年级	染料敏化太阳电池的制备	设计	学习染料敏化太阳电池的制备方法
17		晶硅太阳能电池效率分析	设计	掌握晶硅太阳能电池效率分析方法
18		光伏发电系统设计	设计	学习光伏发电系统设计方法
19		太阳能应用技术	设计	学习太阳能综合应用技术
20		储能电池应用技术	设计	学习储能电池综合应用技术
21		纳米功能材料	设计	掌握纳米功能材料设计、制备方法

附录三 材料物理专业实践教学大纲

材料物理专业认识实习教学大纲

一、课程基本信息

课程名称：专业认知实习

适用专业：材料物理专业

课程类型：综合实践必修课

开课时间：第 2 学期～第 7 学期

总学时：1 周

总学分：1

二、课程教学目的与要求

1. 教学目的

企业认识实习是材料物理专业学生基本的实践教学环节，是学生认识企业、了解企业、培养工程意识的重要途径。

实习目的：

（1）充分了解本专业所涉及的有关新能源材料领域的基本情况，充分认识太阳能、储能电池行业在整个国民经济中的重要地位和作用；

（2）比较全面地了解太阳能、储能电池材料行业的原料特点、生产过程、生产方法及产品的应用；

（3）认识企业生产，了解太阳能、储能电池相关企业的现状及发展前景；

（4）巩固所学基本知识、基本理论，为后续课程的学习打下良好的基础；

（5）建立工程概念，理解企业工程实践对客观世界和社会可持续发展的影响，培养学生沟通交流、分析与解决问题的能力。

2. 实习要求

（1）查阅资料，熟悉和了解新能源材料行业产业背景、应用领域，掌握即将见习企业的性质、生产等情况；

（2）了解所见习企业的生产技术、生产工艺、新的原料品种及新的产品类型；

（3）认真填写《材料物理专业认识实习手册》，撰写实习心得，逐步建立工程意识。

三、实习内容及学时分配（附表9）

附表9　实习内容及学时分配

序号	实习地点、企业	实习内容	实习时间
1	共和县光伏产业园	大型并网光伏电站参观实习 1. 认识兆瓦级并网光伏电站； 2. 了解光伏电站运行管理	1天
2	西宁经济开发区亚洲硅业（青海）有限公司	亚洲硅业（青海）有限公司参观实习 1. 认识多晶硅提纯生产工艺； 2. 了解外资（合资）企业管理	1天
3	西宁经济开发区阳光能源有限公司、青海中利光纤有限公司	青海阳光能源有限公司、青海中利光纤有限公司参观实习 1. 认识单晶硅棒生产、切割工艺； 2. 认识光纤材料生产工艺； 3. 了解民营企业管理	1天

序号	实习地点、企业	实习内容	实习时间
4	西宁市经济开发区黄河上游水电开发有限公司太阳能分公司	青海聚能电力有限公司、黄河上游水电开发有限公司、中科新能源仪器检测中心有限公司参观实习 1. 认识晶硅电池片生产工艺； 2. 认识晶硅电池组件生产工艺； 3. 了解国有企业管理	1 天
5	西宁经济开发区中科新能源仪器检测中心有限公司	中科新能源仪器检测中心有限公司参观实习 1. 了解光伏组件检测流程、方法； 2. 了解光伏电站检测方法	1 天
6	西宁市南川工业园区绿草地低温锂离子电池有限公司、比亚迪电动车股份有限公司	绿草地低温锂离子电池有限公司、比亚迪电动车股份有限公司参观实习 1. 认识锂离子电池生产工艺； 2. 了解锂离子电池应用技术	1 天

四、实习纪律

（1）学生实习期间要严格遵守校规校纪，遵守实习单位的有关规章制度，违者按学院有关规定严肃处理。

（2）听从带队教师指挥，做到守时准时，有事向带队教师请假，实习期间一般不许请假。

（3）认真听讲，仔细观察，做好记录，虚心向工人师傅学习。

（4）注意实习安全，加强安全意识，保证实习任务的顺利完成。

（5）同学之间要团结协作、互相帮助，有问题及时向带队老师汇报。

（6）每次见习活动结束，认真总结，撰写学习心得，填写见习手册。

五、成绩评定

实践成绩评定采取自评与带队教师评定相结合，每次见习按百分制单独考核，此为最终成绩评定的依据。

材料物理专业实践教学大纲

一、课程基本信息

课程名称：课内实践

适用专业：材料物理专业

课程类型：综合实践必修课

开课时间：第 2 学期～第 7 学期，第 17 周～第 18 周

总学时：12 周

总学分：6

二、实习目的

课内实践是材料物理专业学生综合实践教学环节，是学生认识企业、了解企业，培养工程意识、实际操作能力的重要途径。实习目的：

（1）让学生全面充分了解本专业所涉及的有关材料领域的基本情况，充分认识无机非金属材料行业在整个国民经济中的重要地位和作用。

（2）比较全面地了解主要无机非金属材料行业的原料特点、生产过程、生产方法及产品的应用范围。

（3）了解国内外无机非金属材料行业的现状及发展前景。

（4）巩固所学基本知识、基本理论，为后续课程的学习打下良好的基础。

（5）学会查阅文献、收集资料的基本方法。

二、实习形式、时间安排

1.实习形式

集中实习，统一安排。

2.时间

第 2 学期～第 7 学期，第 17 周～第 18 周

三、学习要求

（1）熟悉和了解光伏行业或储能电池产业背景、应用领域，不同部门对原材料的基本要求和特殊要求；

（2）熟悉硅材料或锂离子电池等材料的生产工艺、主要设备的性能及参

数，产品的性能；

（3）熟悉晶硅太阳电池、组件或锂离子电池原材料的深加工技术、生产工艺、主要设备、产品性能与应用的关系；

（4）熟悉太阳能电池、储能电池材料生产行业的经营管理手段和方法；

（5）了解电池原料、产品的类型及测试方法，充分认识原料性质对产品性能的影响；

（6）了解当前光伏行业、储能电池行业先进的生产技术、生产工艺、新的原料品种及新的产品类型；

（7）了解太阳电池、储能电池在光伏发电、电动汽车等领域的技术应用情况和发展现状；

（8）初步建立起材料物理工程设计意识。

四、实习阶段及内容

（一）实习动员，准备阶段

（1）每一名学生充分认识到实习的重要性，提高实习过程中的自觉性，特别强调实习中的组织纪律、安全、仔细观察、详细记录等注意事项，以保证实习任务的顺利完成。

（2）按带队教师的要求，借阅有关资料，仔细阅读，熟悉无机非金属材料行业的基本情况。

（3）根据需要，准备好所需的所有物品。

（二）现场实习阶段

1.多晶硅提纯

（1）了解亚洲硅业（青海）有限公司的基本情况，包括人员、设备、产品、生产工艺、生产规模。

（2）了解改良西门子法提纯多晶硅生产工艺。

（3）了解碳化硅氧化、还原生产流程。

2.制备单晶硅

（1）了解阳光能源（青海）有限公司的基本情况，包括人员、设备、产品、生产工艺、生产规模。

（2）了解直拉单晶炉的组成部分、结构、操作流程。

（3）了解直拉单晶炉的生产工艺，包括：装料、熔晶、长晶、拉晶工艺参数设置。

3.光纤材料

（1）陶瓷原料的种类、产地、性能、配比。

（2）生产工艺：从原料到烧成的整个过程，注意建筑陶瓷和日用陶瓷生产中的异同。

（3）釉料及坯料的组成及异同点。

（4）陶瓷生产中的主要设备的结构、工作原理、性能及参数。

（5）陶瓷用窑炉的结构、性能、产量及烧成制度，注意与其他工业窑炉的区别。

（6）陶瓷产品的种类、性能、价格、用途及销售情况。

4.晶硅太阳电池

（1）耐火材料原料的种类、产地、主要化学成分、矿物成分、性能及其与耐火材料性能之间的关系。

（2）不同类型的耐火材料的性能、应用范围。

（3）耐火材料的生产工艺过程。

（4）耐火材料的生产主要设备，其结构、工作原理及应用，窑炉的类型、结构、性能、产量、烧成制度。

（5）耐火材料制品的用途、行业标准及检测项目。

5.光伏器件检测

（1）生产纸面石膏板的重要原料、辅助原料的种类及指标要求。

（2）纸面石膏板的生产工艺及主要设备。

（3）纸面石膏板的种类、规格及性能指标。

（4）纸面石膏板的生产应用现状及发展前景。

6.锂离子电池

（1）玻璃纤维的原料种类、生产工艺、主要设备。

（2）玻璃纤维的性能及用途。

（3）用于保温隔热材料的纤维特点及保温隔热材料的生产工艺。

7.电动汽车

（1）高分子材料及聚合物基复合材料的原料种类、生产工艺及主要设备。

（2）高分子材料及聚合物基复合材料的性能及用途。

（3）高分子材料及聚合物基复合材料的生产应用现状及发展前景。

8.光伏电站运维

（1）原料的质量对轻质碳酸钙性能的影响。

（2）碳酸钙的用途、改性前后性能的变化。

（3）碳酸钙的生产工艺流程及主要设备。

9.非金属原材料及制品的测试，原料的深加工。

（三）室内整理资料，撰写实习报告

根据实习所获得的资料，结合查阅的相关资料，对实习内容进行整理和归纳总结，按要求、按时独立完成实习报告的编写（可附图说明）；同时，要求每一位同学针对某一种材料设计出简单的生产工艺流程（方框图或设备联系图），编写出简单的设计说明书。实习报告力求全面，层次清楚，简明扼要。

五、实习纪律

（1）学生实习期间要严格遵守校规校纪，遵守实习单位的有关规章制度，违者按学院有关规定严肃处理。

（2）听从带队教师指挥，做到守时准时，有事向带队教师请假，实习期间一般不允许请假。

（3）认真听讲，仔细观察，做好记录，虚心向工人师傅学习。

（4）注意实习安全，加强安全意识，保证实习任务的顺利完成。

（5）全体同学要互相帮助，有问题及时向带队老师汇报。

六、成绩评定

实习成绩按百分制考核，由企业指导教师根据学生在企业实习期间的表现及实习报告的质量，综合评定成绩。

（1）平时表现占20%。

（2）现场记录的完整与正确占30%。

（3）实习报告占50%。

参 考 文 献

[1] 王长贵，王斯成.太阳能光伏发电实用技术 [M].北京：化学工业出版社，2009.

[2] 赵争鸣.太阳能光伏发电及其应用 [M].北京：科学出版社，2005.

[3] 伟纳姆.应用光伏学 [M].狄大卫，译.上海：上海交通大学出版社，2008.

[4] 杨金焕.太阳能光伏发电应用技术 [M].北京：电子工业出版社，2009.

[5] 沈辉，曾祖勤，于化丛.太阳能光伏发电技术 [M].北京：化学工业出版社，2005.

[6] 郑伟涛.薄膜材料与薄膜技术 [M].2 版.北京：化学工业出版社，2008.

[7] 田民波.薄膜技术与薄膜材料 [M].北京：清华大学出版社，2006.

[8] 唐伟忠.薄膜材料制备原理、技术及应用 [M].2 版.北京：冶金工业出版社，2003.

[9] 孙振范，郭飞燕，陈淑贞.二氧化钛纳米薄膜材料及应用 [M].广州：中山大学出版社，2009.

[10] 蔡珣，石玉龙，周建.现代薄膜材料与技术 [M].北京：华东理工大学出版社，2007.

[11] 杨邦朝.电子薄膜材料 [M].北京：科学出版社，1996.

[12] 叶志镇.半导体薄膜物理与技术 [M].北京：冶金工业出版社，2017.

[13] 张以忱.真空镀膜技术 [M].北京：冶金工业出版社，2009.

[14] 胡长健，孙道胜.大学生就业创业教育教程 [M].合肥：安徽大学出版社，2017.

[15] 张涛.创业教育 [M].北京：机械工业出版社，2007.

[16] 伍维根，张旭辉，彭德惠.大学生就业创业教育教程 [M].成都：西南交通大学出版社，2007.